見つけて検索！

日本のカエル
フィールドガイド

カエル探偵団 編

松島野枝・藤田宏之・吉川夏彦・岩井紀子・中津元樹・福山欣司 著

両生類は最初に陸上に進出した脊椎動物です。成体はおもに陸上に生息しますが、幼生は水中で生活するため、水と陸の両方を生存に必要とします。両生類は大きくカエル、サンショウウオ、アシナシイモリの3グループに分けられますが、その中でもカエルはもっとも繁栄しており、世界中で7000種以上が知られています。尾がなく、頑丈な後肢でジャンプして移動し、鳴き声を使ってコミュニケーションするのが大きな特徴で、幼生はオタマジャクシと呼ばれて親しまれています。

カエルは私たちにとってとても身近な生き物ですが、実際に野外で見つけようとすると、いつ頃、どんな場所を、どうやって探したら良いのかわからない人も多いかもしれません。

このフィールドガイドは、カエルが気になっているけれど探しかたがわからない人や、見つけたカエルの種類を知りたい人のための観察入門です。

この本の使いかた

見つけた場所とからだの特徴から
カエルの種類を検索します

①カエルを見つけた！
なんていうカエルだろう？

北海道

本州

九州・四国

奄美群島

先島諸島　　沖縄諸島

②そのカエルを見つけたのはどの地域？
日本の中でも、地域によって生息するカエルは異なります。見つけた地域の章を見てみましょう。

③その地域の「カエル検索表」で種を特定
色や外見の特徴からYES/NOチャートをたどって検索します。

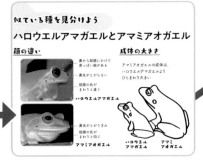

④区別がつきにくい種を比較
検索表だけでは分かりにくい、よく似た種がいる場合は「似ている種を見分けよう」で識別ポイントを解説しています。

⑤種がわかったら「カエル図鑑」で確認

カエルを探しに行く

どこで探す？

　カエルをもっともたくさん見られる場所は繁殖地です。『探してみよう！カエルの卵』は、各地域のさまざまなカエルの繁殖場所となる環境を紹介しています。また、繁殖地に限定せず、生息している環境や標高を『カエル図鑑』の産卵・生息環境と標高を表すアイコンで示しました。

いつ探す？

　カエルによって繁殖や活動する時期は異なり、いつでも見られるわけではありません。そこで、カエルが見られそうな時期のヒントになるように各地域のカエルの活動時期を『カエル探しカレンダー』で表しました。

　カエルを探しに行く前には、準備や観察の方法、気をつけたいことを知っておくと良いでしょう（p.4-5参照）。

もっとカエルを知りたい

　カエルと関わりのある生物や環境、外来種の問題や保全、研究の話題を通して、カエルを取り巻く人間やほかの生物との関係を紹介しています。

　さらに詳しく知りたい人のために、参考になる図鑑や本を紹介しています。また、自分で調査もしてみたくなった人のために、誰でもできる調査方法も紹介しています。

カエル図鑑の見かた

①科の名前

②和名

③学名

④おもに産卵あるいは生息に
　利用する水域環境を色で表
　しています

　田　水田

　浅　浅い、または小さい水域
　　　（河川敷の水たまり、
　　　湿地や湿原など含む）

　深　深い、または広い水域
　　　（池・沼・湖など）

　川　河川・渓流・源流

⑤おもに生息している標高を
　色で表しています

　平　低地（おもに平野部）

　丘　丘陵地（なだらかで低
　　　い山や山のふもと。田畑
　　　や人家があることも）

　高　山地（登山で訪れるよう
　　　な山）

⑥保全に関する指定状況と
　国外外来種を示す

　EN
　VU　} 環境省レッドリストカテゴリー
　NT

　希　国内希少野生動植物種

　外　国外外来種（詳細はp.79、81を参照）

⑦オス（♂）とメス（♀）の体長

⑧解説

⑨写真キャプション
　（撮影地／撮影月）

① アカガエル科

② オットンガエル

③ Babina subaspera

田 浅 深 川 ④ 平 丘 高 ⑤ EN ／ ⑥

⑦ ♂107-134mm、♀115-128mm

⑧ 大型でどっしりした体型のカエル。繁殖期間が春から秋にかけての半年ほどと長い。前肢に拇指と呼ばれる5本目の指があり、内部から鋭いトゲ状の骨が突出する。これはオス間の闘争や抱接に使用する。

腕の太いオス（奄美大島8月）⑨

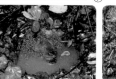

クレーター状の産卵床で産卵中のペア（奄美大島6月）

日中、水場の岸にいたオス（奄美大島6月）

前肢の指は5本、拇指からはトゲ状の骨が出る（奄美大島8月）

カエルを観察するために

この本を参考に、カエルが活動している時期にいそうな場所へ観察に出かけてみましょう。
近隣の博物館や公園などで開催されている観察会に参加するのもオススメです。

① 探しに行く、見つける

- 水に濡れたり、泥で汚れてもよい動きやすい服装（怪我をしないように長袖・長ズボンが望ましい）をし、長靴をはいて出かけましょう。
- まずは歩くこと。歩いていると隠れていたカエルが驚いて飛び出すことがあります。慌てず、カエルが逃げた先を探してみましょう。
- カエルがいそうな場所を少し遠くから双眼鏡を使って観察すると、逃げられる前に姿を確認しやすいです。樹上や水際にいるカエル探しには有効な方法です。
- 繁殖期であれば鳴き声が聞こえることがあります。卵やオタマジャクシしか見つからないこともあります。これらは、そこにカエルの姿は見えなくても、カエルたちが生息している証拠です。時期や時間を変えてまた見に行きましょう。

帽子とタオル

長ぐつ

柄の長いタモあみがおすすめ

カエルだ…!!

② 見つけたら

- そーっと近づきましょう。足音や地面の草などを踏む音、人影などでカエルは逃げてしまいます。姿勢を低くするほうが接近しやすいです。
- 水の中に飛び込んで逃げたカエルは、しばらくすると陸地に戻ってくることがあります。気配を消して待ちましょう。
- カエルを捕まえることができたら、さらにじっくり観察できます。捕まえるときは、手で直接捕まえるほか、網などを使います。

カエルを持つときは腰を掴んだり、手の上に乗せたりする。

③ いろいろな捕まえかた

手で捕るか、上から網をかぶせて捕る。

カエルの頭のほうに網を置き、後ろから追い込むとよい。

陸上

気づかれないように後ろからそーっと網ですくい上げる。

水中

小さい網ではカエルはすぐ逃げ出してしまうよ！

④ じっくり観察しよう

ケージや透明な袋に入れて観察してみましょう。

人の手の温度は、変温動物であるカエルにとっては熱すぎるため、長く手に持っていると弱ってしまいます。

⑤ 種類がわかるように写真を撮ろう

写真に撮れば、後で図鑑を見ながら種類を確認することができます。見分けのポイントになりそうなところもたくさん撮っておきましょう。

プラケースやふた付きの容器、ビニール袋など身近なもので代用が可能

斜め上から横向きで撮ると背中や足の長さなど、全体の雰囲気がわかりやすい

この場合、よく似た種を見分けるポイントである背側線の特徴がわかりにくい

観察するときに気をつけること

足もとをよく見る

泥の積もった湿地はぬかるんでいて足がはまったり転んだりしやすいです。渓流ではぬれた岩が滑りやすいので注意して歩きましょう。

カエルが多いところは、カエルを狙うヘビもよくやってきます。マムシやハブなどの毒蛇もいるので気をつけてください。

水田での観察の注意

カエルを最もよく見つけられる場所は水田です。水田は私有地なので、カエルを捕まえるときは所有者の方に許可をとりましょう。

水田は稲を育てる大事な場所です。稲を傷つけたり畦を壊したりしてはいけません。水路やため池に落ちたり、害獣よけの電気柵に触れないように気をつけてください。

夜間の観察での注意

カエルは夜のほうが活動的で、警戒心も弱くなり観察しやすくなりますが、夜間の観察には絶対に一人では行かないようにしましょう。暗くて足を踏み外したり、道に迷ったり、交通事故に遭うなどの危険がともないます。

夜間に開催されている観察会に参加したり、日中に何度も下見をしてから大人と行くなどして、安全に十分配慮してください。

捕まえてはいけないカエル

保護区などの採集禁止の場所では捕ってはいけません。国の法律や地域によっては捕獲が厳しく禁止されている種がいます。捕獲禁止の種がいる地域は事前に確認し、見つけても触らずに観察するだけにしましょう(p.79、81参照)。

元に戻す

捕まえたカエルは元の場所に返しましょう。石や倒木などを動かしたときは、きちんと元の状態に戻しましょう。

手や長靴を洗う

カエルを触った後は必ずよく手を洗って下さい。カエルの皮膚にはカエルを守ための弱い毒があり、目や傷口に入ると炎症などを起こして危険です。

観察のときに使った長靴や網などもよく洗って、泥を落として乾かしましょう。

カエルの体の部位にはそれぞれ名前がついています。これらを知っておくと特徴がすばやくわかり、カエルの種類が識別しやすくなります。

また、気になった特徴をメモしたり、図鑑や専門書を調べるときにも役立ちます。カエルを見つけたら、以下の部位について特徴や色、大きさをチェックしましょう。

部位名称

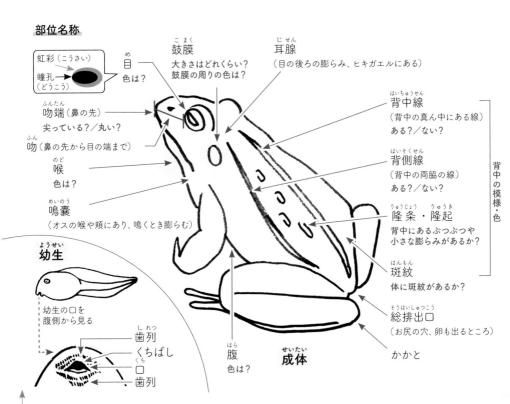

虹彩（こうさい）
瞳孔（どうこう）

目（め）
色は？

鼓膜（こまく）
大きさはどれくらい？
鼓膜の周りの色は？

耳腺（じせん）
（目の後ろの膨らみ、ヒキガエルにある）

吻端（ふんたん）（鼻の先）
尖っている？／丸い？

吻（ふん）（鼻の先から目の端まで）

喉（のど）
色は？

鳴嚢（めいのう）
（オスの喉や頬にあり、鳴くとき膨らむ）

背中線（はいちゅうせん）
（背中の真ん中にある線）
ある？／ない？

背側線（はいそくせん）
（背中の両脇の線）
ある？／ない？

隆条（りゅうじょう）・隆起（りゅうき）
背中にあるぶつぶつや小さな膨らみがあるか？

斑紋（はんもん）
体に斑紋があるか？

背中の模様・色

総排出口（そうはいしゅつこう）
（お尻の穴、卵も出るところ）

かかと

幼生（ようせい）

幼生の口を腹側から見る

歯列（しれつ）
くちばし
口（くち）
歯列

腹（はら）
色は？

成体（せいたい）

本書の用語解説

越冬幼生 えっとうようせい　生まれた年の秋までに変態せずに冬を越した幼生。大型に成長し、多くは翌年の夏までに変態する。ツチガエルやウシガエルなどで見られる。

カエル合戦・ガマ合戦 かえるかっせん・がまがっせん　繁殖場所に多数のカエルが集まり、メスを多数のオスが奪い合う様子を「合戦」に見立ててこのように呼ぶ。

系統樹 けいとうじゅ　種分化の歴史や集団の類縁関係（系統関係）を示した図のこと。近年ではDNA配列などの遺伝情報を用いて系統関係を推定するのが主流になっている。

口器 こうき　幼生の口の周りの構造で、角質でできたくちばしや黒い櫛状の歯（歯列）などが見られる。物に吸い付くために吸盤状になっていることが多いが、生息環境や生態によって種類ごとにさまざまな形に変化している。

産卵床 さんらんしょう　産卵のために地面に掘った穴やくぼみのこと。ホルストガエルやオットンガエルなどがつくる。

樹上性 じゅじょうせい　おもに樹冠や低木上などの木や草の上で生活する性質。日本ではアオガエル科やアマガエル科などで見られる。

春眠・夏眠 しゅんみん・かみん　早春の繁殖終了後や真夏に活動が低下し、休眠（一時的に活動を休止）すること。

縄張り なわばり　その中に入れないように他の個体を排除する範囲。カエルでは、繁殖期に優位なオスが求愛や産卵に有利な場所を占有して他のオスを近づけないようにする。

生活史

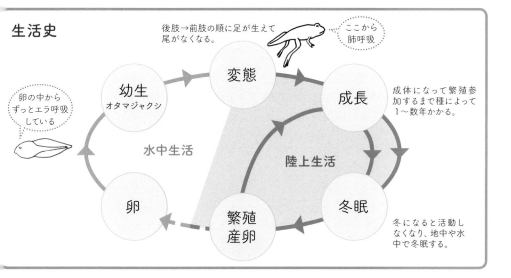

後肢→前肢の順に足が生えて尾がなくなる。

ここから肺呼吸

卵の中からずっとエラ呼吸している

変態

幼生 オタマジャクシ

成長

成体になって繁殖参加するまで種によって1～数年かかる。

水中生活

陸上生活

卵

繁殖 産卵

冬眠

冬になると活動しなくなり、地中や水中で冬眠する。

手と足の指

前肢（手）の指は4本
吸盤はあるか？

第1指　第1指
一番内側の指が第1指

こんいんりゅう
婚姻瘤（繁殖期のオスにみられる第1指の膨らみ）

こうし
後肢（足）の指は5本
水かきの大きさはどれくらいか？

第1指
一番内側の指が第1指

体の大きさ（体長・頭胴長）の測りかた

　鼻の先（吻端）からお尻の穴（総排出口）の位置までの長さを測ります。ものさしがないときは、大きさを比較できるものと一緒に写真を撮るとわかりやすい。

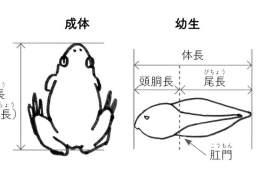

成体

体長
とうどうちょう
（頭胴長）

幼生

体長

頭胴長

びちょう
尾長

こうもん
肛門

繁殖期 はんしょくき　繁殖（オスとメスが出会って卵を産むまでの活動）をする時期や期間。

変態 へんたい　水中生活をする幼生から陸上生活に移るときに、体のつくりを大きく変えて親と同じ姿に変化すること。

抱接 ほうせつ　産卵のときにオスがメスに抱きつく行動。カエルは交尾をせず、抱接した状態でメスが産み出した卵にオスが精子をかける体外受精を行う。

鳴声（鳴き声）なきごえ　カエル類が個体どうしでコミュニケーションをとる際に使用する音声で、目的により数種類を使い分ける。私たちがカエルの声としてよく聞くのは、オスが繁殖時にメスを呼び寄せるために出す声「繁殖音」であり、種によって異なる。多数の個体がいっせいに鳴いている状況を、

「合唱」と表現する。繁殖音のほかにも、オスが縄張り侵入者に警告したり（なわばり音）、メスと間違って抱きついてきたオスを断ったり（解除音）、繁殖期以外の時期にときどき鳴いたり（雨鳴き）するなどさまざまな種類の声がある。

卵塊 らんかい　多数の卵が集まった塊のこと。球状にまとまるもの、泡に包むもの（泡巣）、紐状に連なるものなどがある。1回の産卵で腹の中の卵をすべて産むこともあれば、少数ずつの塊を数回に分けて産卵することもある。

幼体・亜成体 ようたい・あせいたい　変態し、上陸してから繁殖可能な成体になるまでの子ガエルの状態を幼体という。成体ではないが大きくなった幼体を亜成体ということもある。

世界の各地域に生息するさまざまな生物のグループ構成の特徴に基づいて区分けされた地域を「生物地理区」(以下、地理区)といいます。日本は「旧北区」と「東洋区」という2つの地理区にまたがっており、それぞれの要素が混ざり合って多様なグループのカエルが分布する地域です。トカラ列島にある2つの地理区の境を「渡瀬線*」といい、在来のカエルのうち21種は渡瀬線より南にしか分布せず、18種はそれより北でのみ見られます。そのほかにも、日本周辺にはさまざまな生物の分布パターンから分布の境界線が提唱されています。これらに注目すると、日本のカエル各種の分布パターンとよく一致していて、各地のカエルの種構成の理解にとても役立ちます。

このような分布境界線ができたのは、カエルの場合は日本列島の歴史と移動能力が関係しています。日本列島は多くの島々からなりますが、過去には大陸や島どうしで陸地がつながったり、離れたりしました。多くの両生類は塩分に弱く、海を渡ることができません。そのため、陸地がつながった時期にはカエルは分布を広げることができましたが、長い間つながらなかった場所では海を越えることができず、分布の境界になったと考えられます。このように、カエルの分布は日本列島の歴史を知る手がかりでもあるのです。

しかし、近年では人間の活動にともなって、本来日本に分布しない種が国外から持ち込まれたり(国外外来種)、在来種でも国内の本来分布しない地域に持ち込まれたりする例(国内外来種)が増えています(詳しくはp.78)。長い時間をかけて形成されてきた進化の証が、いま急速に乱れ、失われてきています。

宗谷海峡線 - - - - -

- - - - - - 分布境界線とその名称

ブラキストン線 - -

朝鮮海峡線

旧北区
中国大陸北部、シベリア、ヨーロッパなどのユーラシア大陸北部に近縁種が多い

対馬海峡線

渡瀬線

蜂須賀線

東洋区
中国大陸南部〜東南アジアに近縁種が多い

＊ 渡瀬線をトカラ列島のどの位置にするかは諸説あり、生物によっても若干違います。本書ではカエルの種類に着目し、トカラ列島の北限に渡瀬線をおいています。

本 州・九 州
四 国・北海道
離島のカエル

北海道

北海道の在来種は2種のみで、さらに北のサハリンと共通の種がいます。

本州

本州、四国、九州には多くの固有種が分布します。日本列島は南北に長く、地形や気候がさまざまなので、太平洋側と日本海側、あるいは北と南で分布する種が少し異なります。

対馬の在来種は3種。固有種もおり、朝鮮半島と共通の種もいます。

四国

九州

この地域に生息するカエル

ナガレヒキガエル	ナガレタゴガエル	シュレーゲルアオガエル
ニホンヒキガエル	ニホンアカガエル	モリアオガエル
アズマヒキガエル	ネバタゴガエル	カジカガエル
ニホンアマガエル	ヤマアカガエル	
エゾアカガエル	ツチガエル	外来種
タゴガエル	サドガエル	アフリカツメガエル
オキタゴガエル	トウキョウダルマガエル	オオヒキガエル
ヤクシマタゴガエル	ナゴヤダルマガエル	ウシガエル
チョウセンヤマアカガエル	トノサマガエル	
ツシマアカガエル	ヌマガエル	

カエル検索表
本州

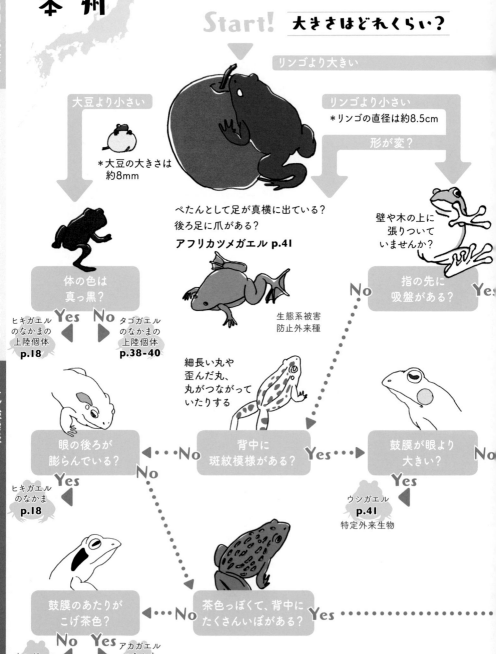

Start! 大きさはどれくらい？

リンゴより大きい

大豆より小さい

リンゴより小さい
*リンゴの直径は約8.5cm

形が変？

*大豆の大きさは約8mm

ぺたんとして足が真横に出ている？
後ろ足に爪がある？

アフリカツメガエル p.41

生態系被害防止外来種

壁や木の上に張りついていませんか？

体の色は真っ黒？

指の先に吸盤がある？

No　　Yes

ヒキガエルのなかまの上陸個体 **p.18**

Yes　　No

タゴガエルのなかまの上陸個体 **p.38-40**

細長い丸や歪んだ丸、丸がつながっていたりする

眼の後ろが膨らんでいる？

◀ ‥‥No

背中に斑紋模様がある？

Yes‥‥▶

鼓膜が眼より大きい？

No

No

ヒキガエルのなかま **p.18**

Yes

Yes

ウシガエル **p.41**
特定外来生物

鼓膜のあたりがこげ茶色？

◀ ‥‥No

茶色っぽくて、背中にたくさんいぼがある？

Yes ‥‥‥‥

No　　Yes

ウシガエル **p.41**
特定外来生物

アカガエルのなかま **p.20**

見つけた場所が隠岐諸島（島根県）のときはp.14へ

東京都の島々のカエル

東京都の島々（伊豆諸島・小笠原諸島）には
もともとカエルがいませんでした。
しかし、人間が持ち込むなどして入った
カエルが生息しているところがあります。

★国外外来種　☆国内外来種

眼のうしろが
膨らんでいる？

Yes ◀ ▶ **No**

キガエル
のなかま
p.18

ウシガエル
p.41
特定外来生物

眼と鼻の間が黒い線
でつながっている？

No････▶

全体が緑色、または
斑紋のある緑色？

Yes

ホンアマ
ガエル
p.33

アオガエル
のなかま
p.22

Yes **No**

カジカ
ガエル
p.35

茶色っぽくて、背中に
たくさんいぼがある？

No････▶

鼓膜のあたりが
こげ茶色？

Yes

アカガエル
のなかま
p.20
見つけた場所が
隠岐諸島（島根県）
のときはp.14へ

Yes **No**

トノサマ
ガエル
のなかま
p.19

おなかは
真っ白？

Yes ◀ ▶ **No**

マガエル
p.33

ツチガエル
p.32

見つけた場所が佐渡島
（新潟県）のときはp.14へ

伊豆大島（いずおおしま）
☆アズマヒキガエル
☆ツチガエル
☆モリアオガエル

新島（にいじま）
☆アズマヒキガエル
☆ツチガエル

三宅島（みやけじま）
☆アズマヒキガエル
☆ツチガエル

八丈島（はちじょうじま）
☆アズマヒキガエル
☆ニホンアマガエル
☆ニホンアカガエル

伊豆諸島

小笠原諸島

父島（ちちじま）
★オオヒキガエル

母島（ははじま）
★オオヒキガエル

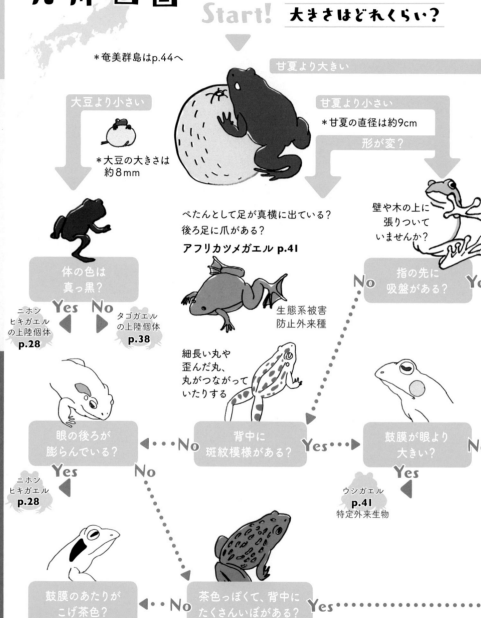

カエル検索表

九州・四国

Start! 大きさはどれくらい？

*奄美群島はp.44へ

甘夏より大きい

大豆より小さい

甘夏より小さい
*甘夏の直径は約9cm

形が変？

*大豆の大きさは
約8mm

ぺたんとして足が真横に出ている？
後ろ足に爪がある？

アフリカツメガエル p.41

生態系被害
防止外来種

壁や木の上に
張りついて
いませんか？

体の色は
真っ黒？

No

指の先に
吸盤がある？

Yes

Yes   No

ニホン
ヒキガエル
の上陸個体
p.28

タゴガエル
の上陸個体
p.38

細長い丸や
歪んだ丸、
丸がつながって
いたりする

眼の後ろが
膨らんでいる？

◀・・・No 背中に
斑紋模様がある？ Yes・・・▶ 鼓膜が眼より
大きい？

No

Yes

No

Yes

ニホン
ヒキガエル
p.28

ウシガエル
p.41
特定外来生物

鼓膜のあたりが
こげ茶色？

◀・・No 茶色っぽくて、背中に
たくさんいぼがある？ Yes・・・・・・・・・・・

No   Yes

ウシガエル
p.41
特定外来生物

アカガエル
のなかま
p.20

見つけた場所が対馬（長崎県）、
または屋久島（鹿児島県）のときはp.15へ

九州の島々のカエル

九州地方には多くの島があり、島によって生息する種類が異なります。代表的な島を紹介します。
★国外外来種　☆国内外来種

眼のうしろが
膨んでいる？
Yes　No
ニホンヒキガエル
p.28
ウシガエル **p.41**
特定外来生物

眼と鼻の間が黒い
線でつながっている？ **No・・・▶**
Yes
ニホンアマガエル
p.33

全体が緑色、または
斑紋のある緑色？
Yes　No
シュレーゲル
アオガエル
p.34
カジカ
ガエル
p.35

茶色っぽくて、背中に
たくさんいぼがある？ **No・・・▶**
Yes

鼓膜のあたりが
こげ茶色？
Yes　No
アカガエル
のなかま
p.20
見つけた場所が
対馬（長崎県）、または屋久島
（鹿児島県）のときはp.15へ

おなかは
真っ白？
Yes　No
ヌマガエル
p.33
ツチガエル
p.32

どこで見ましたか？
九州　四国
トノサマ
ガエル
p.30
トノサマ
ガエルの
なかま
p.19

五島列島
福江島（ふくえじま）など
ニホンヒキガエル
ニホンアマガエル
タゴガエル
ツチガエル
☆ヌマガエル
シュレーゲルアオガエル
カジカガエル
★ウシガエル

壱岐島
ニホンヒキガエル
ニホンアマガエル
ニホンアカガエル
ツチガエル
☆ヌマガエル
シュレーゲルアオガエル
★ウシガエル

対馬
p.15 も見よう

甑島列島
（上甑・下甑島など）
ニホンヒキガエル
ニホンアマガエル
タゴガエル
ツチガエル
トノサマガエル
ヌマガエル

屋久島
p.15
も見よう

種子島
ニホンヒキガエル
ニホンアマガエル
ニホンアカガエル
ツチガエル
トノサマガエル
☆ヌマガエル

カエル検索表
本州・九州
の周りで固有種のいる島々

佐渡島→
隠岐諸島
対馬
←屋久島

佐渡島（新潟県）

生息しているカエルは7種です。
本州の検索表を使いましょう。

☆アズマヒキガエル　ツチガエル
ニホンアマガエル　●サドガエル
ヤマアカガエル　モリアオガエル
★ウシガエル

茶色っぽくて、背中に
たくさんいぼがある？　Yes・・・▶

佐渡島には、
ツチガエルのなかまが2種います！

ツチガエル
p.32

腹が
ちょっと
黒っぽい

サドガエル
p.32

腹の下の
ほうが黄色

背側は似ているが、腹側が違います。
島の中で、いる地域が違うようです。

隠岐諸島（島根県）

生息しているカエルは5種です。
本州の検索表を使いましょう。

ニホンアマガエル
●オキタゴガエル
ニホンアカガエル
シュレーゲルアオガエル
★ウシガエル

鼓膜

鼓膜のあたりが
こげ茶色？　Yes・・・▶

隠岐諸島には、
アカガエルのなかまが2種います！

背中の線（背側線）を観察してみよう

オキタゴガエル
p.40

・背中の線が
　鼓膜のうしろ
　で曲がる
・丘陵地や山地にいる

ニホンアカガエル
p.36

・背中の線は
　鼓膜のうしろ
　で曲がらない

タゴガエルはのどが黒っぽい
（黒っぽくないのもいる）

日本には、たくさんの島があります。
中には、そこにしか生息していないカエル（固有種）がいる島があります。
その島での検索には、本州・九州・四国の検索表の途中からこちらを見てみましょう。
●島の固有種または固有亜種　★国外外来種　☆国内外来種

対馬（長崎県）

生息しているカエルは5種です。
九州・四国の検索表を使いましょう。
チョウセンヤマアカガエルは日本の固有種
ではなく、朝鮮半島にも分布しています。

　ニホンアマガエル
　チョウセンヤマアカガエル
●ツシマアカガエル
☆トノサマガエル
☆ヌマガエル

鼓膜

鼓膜のあたりが
こげ茶色？　　Yes ・・・▶

対馬には、アカガエルが2種います！

チョウセン
ヤマアカガエル
p.37

ツシマ
アカガエル
p.37

同じ時期に同じ場所で産卵したり、見つかることがあります。

・顔が違う

ツシマアカガエルの
鼓膜の大きさは
眼の直径の半分くらい

チョウセンヤマ
アカガエルの
鼓膜の大きさは
眼の直径の2/3以上

ツシマアカガエル
は口の上が白い

・成体の大きさが違う（ツシマアカガエルは小さい）
　ツシマアカガエル　＜　チョウセンヤマアカガエル
　3〜4.5cm　　　　　　5〜8.5cm

・指先がほんの少し違う（見分けるのは難しい！！！）
　ツシマアカガエル：ちょっと膨らむ
　チョウセンヤマアカガエル：まっすぐ

・鳴き声が違う

屋久島（鹿児島県）

生息しているカエルは5種です。
九州・四国の検索表を使いましょう。

　ニホンヒキガエル
　ニホンアマガエル
●ヤクシマタゴガエル
　ニホンアカガエル
　ツチガエル

鼓膜

鼓膜のあたりが
こげ茶色？　　Yes ・・・▶

屋久島には、アカガエルのなかまが2種います！

背中の線（背側線）を観察してみよう

ヤクシマタゴガエル
p.40

ニホンアカガエル
p.36

・背中の線が
　鼓膜のうしろ
　で曲がる
・種子島にはいない

・背中の線は
　鼓膜のうしろ
　で曲がらない
・屋久島では
　とても少ない

タゴガエルはのどが黒っぽい
（黒っぽくないのもいる）

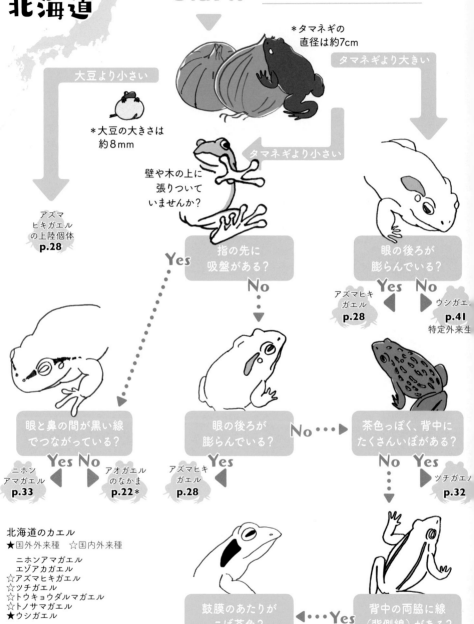

カエル検索表
北海道

Start!

大きさはどれくらい？

*タマネギの
直径は約7cm

大豆より小さい

タマネギより大きい

タマネギより小さい

*大豆の大きさは
約8mm

壁や木の上に
張りついて
いませんか？

アズマ
ヒキガエル
の上陸個体
p.28

指の先に
吸盤がある？

Yes

No

眼の後ろが
膨らんでいる？

Yes No

アズマヒキ
ガエル
p.28

ウシガエ
p.41
特定外来生

眼と鼻の間が黒い線
でつながっている？

Yes No

ニホン
アマガエル
p.33

アオガエル
のなかま
p.22*

眼の後ろが
膨らんでいる？

Yes

アズマヒキ
ガエル
p.28

No･･･

茶色っぽく、背中に
たくさんいぼがある？

No Yes

ツチガエ
p.32

鼓膜のあたりが
こげ茶色？

Yes No

エゾアカ
ガエル
p.38

トノサマ
ガエルの
なかま
p.19

･･･Yes

背中の両脇に線
（背側線）がある？

No

ウシガエ
p.41
特定外来生

カエル検索表

北海道のカエル
★国外外来種　☆国内外来種
　ニホンアマガエル
　エゾアカガエル
☆アズマヒキガエル
☆ツチガエル
☆トウキョウダルマガエル
☆トノサマガエル
★ウシガエル

*もしアオガエルのなかま（国
　内外来種）を見つけたら、
　外来種の担当部署（道や環
　境省等）に情報提供すると
　よいでしょう

北海道のカエル事情

現在、北海道には7種のカエルが生息していますが、在来のカエルはエゾアカガエルとニホンアマガエルの2種しかありません。ほかのアズマヒキガエル、ツチガエル、トウキョウダルマガエル、トノサマガエル、ウシガエルは道外から人が持ち込んで定着したものです。最近ではシュレーゲルアオガエルやモリアオガエルの移入個体が発見されました（定着は不明）。

北海道は本州や大陸から離れた大きな島であり、固有の種や独自の生態系をもっています。外来の生物を持ち込んで放すことはそれらを壊すことにつながります。それでも、北海道に持ち込まれて定着した外来種は800種以上になり、その一覧は北海道ブルーリストとして公開されています。

最近、アズマヒキガエルが、移入先の北海道でエゾアカガエルの脅威となる可能性があると報告されました。実験的に、孵化したばかりのアズマヒキガエル幼生をエゾアカガエル幼生に与えたところ、それを食べたエゾアカガエル幼生はアズマヒキガエルのもつ毒によって中毒死しました。さらに、中毒死したエゾアカガエル幼生の死体を食べたエゾアカガエル幼生も中毒死し、アズマヒキガエルの毒はエゾアカガエルにとってはたいへん強力であることがわかったのです。野外で実際にアズマヒキガエルがエゾアカガエルに与える影響についてはさらなる調査研究が必要ですが、外来種は予想もつかないような仕組みで在来種を脅かすことがあるのです。

トノサマガエルのなかまがすべて集まる長野県

長野県は全都道府県で唯一、国内に分布するトノサマガエル属2種1亜種すべて（トノサマガエル、トウキョウダルマガエル、ナゴヤダルマガエル）が生息しています。これは、長野県がそれぞれの分布境界付近にあるためです。

全種いるとはいえ、これらがみな同じところに生息しているのではありません。大まかには図のようにトウキョウダルマガエルが北部の信濃川（千曲川）水系、ナゴヤダルマガエルが南部の天竜川水系（諏訪地方除く）に分かれて分布し、トノサマガエルは東部を除く全域に分布して各ダルマガエルと分布が重なっています。分布が重なる2種の間では種間雑種も見つかっており、過去数十年で種の分布が変化したこともわかっています。生息環境の変化などによって、今後どう推移するのか大変興味深い地域です。

長野県は山地が多く、県境は急峻な山々に囲まれており、その間を流れる河川の流域に盆地や河岸段丘が発達しています。その河川沿いの限られたところにある平地や丘陵地に、水田にすむカエルたちの生息地が集中しています。こういった地形的な特徴がこのような興味深い分布をつくっているのでしょう。

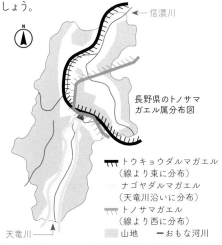

信濃川

N

長野県のトノサマ
ガエル属分布図

トウキョウダルマガエル
（線より東に分布）
ナゴヤダルマガエル
（天竜川沿いに分布）
トノサマガエル
（線より西に分布）
山地　おもな河川

天竜川

似ている種を見分けよう

ヒキガエルのなかま

ニホンヒキガエル・アズマヒキガエル・ナガレヒキガエル

ヒキガエルの特徴

・耳腺（眼のうしろにある）が
　膨らんでいる。

・背中はブツブツがあったり、な
　かったり。体色は黄色っぽいも
　の、赤茶っぽいものから黒いもの
　まで多様。

・ぴょんぴょん跳ねない。

・変態したばかりは、真っ黒で1cm
　もないほど小さい。数年かけて大き
　くなり、成体は10cm以上になる。

・卵塊はひも状で長く、幼生はたい
　てい群れている。

眼のうしろに
ある耳腺

上陸直後の幼体

卵塊

生息している都道府県

■ アズマヒキガエル
□ ニホンヒキガエル
■ アズマヒキガエルと
　ニホンヒキガエル
▥ ナガレヒキガエル

・北海道ではすべて
　国内外来種
・東京都と仙台市に
　ニホンヒキガエルが
　移入（国内外来種）

＊生息が確認され
　た都道府県を示
　す。県全域に生
　息しないことも
　ある。

横顔の違い

A ＝ 眼から鼓膜までの距離
B ＝ 鼓膜の長径
　　（縦でも横でも長いほう）

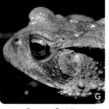

アズマヒキガエル
A ＜ B

ニホンヒキガエル
A ≒ B

ナガレヒキガエル
鼓膜はほとんど見えない

よく見かける生息環境

ニホンヒキガエル・アズマヒキガエル

平地から山地まで多様な場所で見られる

＊各種とも繁殖期以外は水辺以外の
　場所で見つかることが多い。

高地の湿原

渓流

渓流

林床や林道沿い

ナガレヒキガエル

渓流の近くで見られる

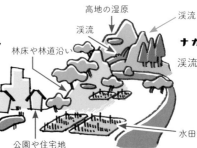

→ ニホンヒキガエルとアズマヒキガエル
→ ナガレヒキガエル

公園や住宅地

水田や畑

トノサマガエルのなかま
トノサマガエル・トウキョウダルマガエル・ナゴヤダルマガエル

生息している都道府県

- ▨ トノサマガエル
- ▨ トウキョウダルマガエル
- ▨ トノサマガエルと
  トウキョウダルマガエル
- ▢ トノサマガエルと
  ナゴヤダルマガエル
- ■ 長野県ではすべての
  トノサマガエルのなかまが
  見られる（p.17参照）

- ・北海道ではすべて国内外来種
- ・トノサマガエルとトウキョウ
  ダルマガエルが混在する
  のは、分布の境界付近に
  限られる

＊生息が確認された都道府
県を示す。県全域に生息
しないこともある。

トノサマガエルは足が長い！

足をまっすぐ伸ばしたとき
かかとの位置が
・トノサマガエルは眼を越える
・トウキョウダルマガエルと
　ナゴヤダルマガエルは
　鼓膜から眼の間あたりになる

かかと

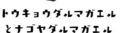

**トウキョウダルマガエル
とナゴヤダルマガエル**

トノサマガエル

背中の模様や体の色

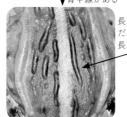
↓背中線がある

長さは不規則
だが隆条は
長く明瞭

↓背中線がある個体が多い

隆条は短く
不明瞭

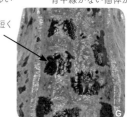
背中線がない個体が多い

成体オスは
背中が黄色く
斑紋が薄い

背中の色に
雌雄差がない

背中の色に
雌雄差がない

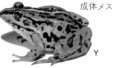
雌雄ともに腹は真っ白
成体メス

トノサマガエル

腹は真っ白

トウキョウダルマガエル

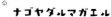
のどのあたり
から腹にかけて
黒い斑点が
あることが多い

＊真っ白な個体
もいる

ナゴヤダルマガエル

似ている種を見分けよう

アカガエル・タゴガエルのなかま
ニホンアカガエル・ヤマアカガエル・タゴガエル・ナガレタゴガエル

> アカガエルとタゴガエルの
> なかまは同じ属のカエル
> で見た目は似ていますが、
> 繁殖生態は異なります

アカガエル・タゴガエルのなかまの特徴

体色は赤っぽい茶色が多いが、
黄土色～こげ茶色など多様

鼓膜のまわり
が濃い茶色

指先は細く
吸盤はない

背側線

背中の両脇に
背側線がある

生息している都府県

・ヤマアカガエル、タゴガエルは
　本州、九州、四国に分布
・ニホンアカガエルは青森県・長野県・
　山梨県には分布せず

▨ ナガレタゴガエル
▥ ネバタゴガエル

＊生息が確認された都府県
　を示す。県全域に生息し
　ないこともある。
＊北海道にはエゾアカガエ
　ルのみが生息。

ニホンアカガエル

ヤマアカガエル

タゴガエル

ナガレタゴガエル

＊ネバタゴガエルはタゴガエルと見た目の違いが
　ほとんどない。種の解説はp.39参照。

よく見かける生息環境

高地の湿原

山地の湿地

渓流

森林の中

山裾の水田

タゴガエルのなかま
山地の渓流沿いなどで
見られる

山裾の水田

ヤマアカガエル
山裾～山地や高地の湿地
や水田で見られる

➡ ニホンアカガエル
➡ ヤマアカガエル
➡ タゴガエルのなかま

ニホンアカガエル
低地の水田や湿地、
河原などで見られる

ビオトープ　水田や谷津田

河原

似ている種を見分けよう

検索表で見分けてみよう！

Start!

背中にある背側線はまっすぐ？ 曲がる？

鼓膜

線が鼓膜のうしろ
で曲がらない
ニホン
アカガエル
p.36

線が鼓膜のうしろで
外側に曲がる、
もしくは途切れる

腹側にはどのような模様がある？

のどが白く、
黒い模様があったり、
なかったりする
ヤマアカ
ガエル
p.36

のどが黒ずんだ色、
または細かな
黒い点々模様
タゴガエル
のなかま

後ろ足の水かきはどうなっている？

非繁殖期でも
この指先まで
水かきがある

後ろ足の
水かきは小さい
タゴガエル
p.38

後ろ足の水かきは非常に
発達（特にオス）
ナガレ
タゴガエル
p.39

繁殖期には川の中
におり、体や足の皮が
とてもたるんでいる

卵塊やオタマジャクシの違い

アカガエルのなかま

アカガエルの卵は、直径2-3mmほどの黒い卵のまわり
を透明なゼリーが覆っている。この卵が数百〜千個以上
集まって1つの卵塊になっている。

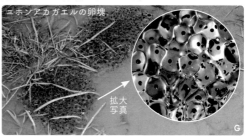

ニホンアカガエルの卵塊

拡大
写真

G

ニホンアカガエル	ヤマアカガエル
まとまっている	ゆるく、ぬめりが強め

産みたての
卵塊

背中に2つの点がある
（ない個体もいる）

背中に2つの点がない

幼生（オタマジャクシ）

タゴガエルのなかま

タゴガエルのなかまは石の下や岩のすき間に産卵するた
め、卵塊やオタマジャクシはあまり目につかない。

卵塊

G

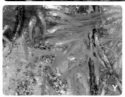

幼生（オタマジャクシ）

Y

タゴガエルの上陸個体は
かなり小さい

G

21

似ている種を見分けよう

ニホンアマガエルとアオガエル2種
ニホンアマガエル・シュレーゲルアオガエル・モリアオガエル

顔と指先，腹の違い

鼻先がとがらない　　鼓膜の色がまわりと違う

鼻から鼓膜
にかけて
黒い線がある

吸盤が
やや小さい

**ニホン
アマガエル**

アマガエル科

鼻先がとがりぎみ

眼が黄色

鼓膜の色
は周りと
同じ

吸盤が
やや小さい

**シュレーゲル
アオガエル**

アオガエル科

眼が赤みがかる
（若い個体は黄色）

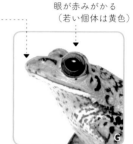

吸盤が
大きい

モリアオガエル

アオガエル科

ニホンアマガエルとシュレーゲルアオガエルのオスは
腹と比較して喉が黒っぽい

ニホンアマガエルの腹は
つぶつぶしている

シュレーゲルアオガエル
とモリアオガエルの腹は
つぶつぶしていない

成体の大きさ

成体になったときの3種の大きさは異なる

ニホン
アマガエル ＝ シュレーゲル
アオガエル♂ ＜ シュレーゲル
アオガエル♀ ＜ モリアオ
ガエル

よく見かける生息環境

**ニホンアマガエル・
シュレーゲルアオガエル**

人里近い低地から山地ま
で多様な環境で見られる

山裾の湿地や池

山地や森林の中の池、湿地

モリアオガエル

山地や森林の中の湿地や山
裾の湿地や水田で見られる

→ モリアオガエル
→ ニホンアマガエルと
　シュレーゲルアオガエル

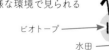

ビオトープ

水田

山際の水田

ヌマガエル・ツチガエル・サドガエル

ヌマガエル
ヌマガエル科

ツチガエル **サドガエル**
アカガエル科（ツチガエルとサドガエルは近縁種）

腹の違い

ヌマガエル線

ヌマガエルの腹は白くて
脇腹にヌマガエル線がある

ツチガエルは腹が黒っぽいか、
あるいは黒い点がたくさんある

サドガエルは
腹の下のほうが黄色い

生息している都道府県

・ヌマガエルは広く西日本に分布しています。しか
　し最近、今まで生息していなかった関東地方で
　見つかり、平野部を中心に急速に分布を広げま
　した。

・ツチガエルは沖縄県以外のすべての都道府県に
　分布しています。北海道と一部の島嶼では移入
　されており、国内外来種となっています。

・サドガエルは佐渡島にしかいません。佐渡島の
　ツチガエルは在来種です。

　ヌマガエル
　国内外来種のヌマガエル
　国内外来種のツチガエル

サドガエルとツチガエル

探してみよう！カエルの卵

繁殖地にはカエルが集まります。鳴き声がしたり、卵やオタマジャクシがいたりします。
種によって産卵する場所や環境は異なります。
繁殖時期にあわせて探してみよう。

低地～丘陵地

早春の水田の水たまりにはアカガエルのなかまが産卵に訪れる。

素掘りの水路

水田はいろいろなカエルの産卵が観察できる。特に、林に隣接していて素掘り水路のある水田がおすすめ。

ニホンアマガエル、ツチガエル、ヌマガエルは水際の草やイネの根もとに産卵する。

トノサマガエルのなかまは水田の中のほうに産むので、卵はあまり見つからない。

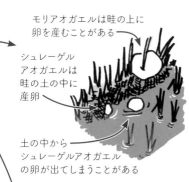

モリアオガエルは畦の上に卵を産むことがある

シュレーゲルアオガエルは畦の土の中に産卵

土の中からシュレーゲルアオガエルの卵が出てしまうことがある

ツチガエルは水路や池にもよくいる。水路には越冬幼生がいることもある。

山地や森林に近く周辺が木に囲まれている池ではモリアオガエルが産卵に訪れることも。水面に張り出した枝先に泡巣がないかチェックしてみよう。

平地のため池にはよくウシガエルがいる。オタマジャクシは大きいのですぐわかるが、卵はとても小さく、すぐに池底に沈んでしまうので見つけにくい。

浅い池や岸辺の浅いところではヒキガエルのなかまやアカガエルのなかまが産卵していることがある。

ヒキガエルのなかまは都市部の公園の池でも産卵する。

＊カエルの産卵を見かけやすい場所や環境の目安であり、ほかの場所でも産卵することがあります。
＊カエルがたくさんいるところにはヘビもやってきます。マムシなど毒をもつヘビに注意しよう。

低地・山地～渓流周辺

高原の湿地にはヒキガエルやヤマアカガエル
が産卵に訪れる。

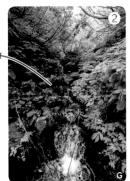

タゴガエルは渓流近くの石
の隙間や水が染み出す崖
の隙間などに産卵する。
岩の隙間や石の下から鳴き
声はするが、見つけにくい。

渓流の淵や脇の水たまりものぞいて
みよう。繁殖に訪れたナガレタゴガエ
ルやナガレヒキガエルがいるかも。
渓流脇の水たまりなどでヒキガエル
が産卵していることもある。

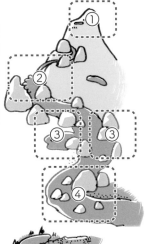

森の中や近くの池は
モリアオガエルや
ヤマアカガエルが
産卵する。

林縁や林道脇の水たまり、
林の中の湿地では、
ヤマアカガエルやヒキガエル
が繁殖していることもある。

カジカガエルがいそうな川。
石の上で鳴いている個体を探
す。鳴き声を聞いてみよう。

北海道の産卵場所

在来2種のうち、エゾアカガエルは自然
の湿地などを、ニホンアマガエルは水田
などを探してみましょう。

沼のまわりにある湿地

カエル探しカレンダー

カエルは見られる時期が種類によって違うので会いたいカエルのスケジュールを知っておこう！

	11月	12月	1月	2月	3月	4月	5月	6月	7月	8月	9月	10月

おもに水田・平地で見られるカエル

ニホンアカガエル／ヤマアカガエル p.36

九州四国／近畿／関東中部／東北

2種が同じ場所で繁殖するところではヤマアカガエルのほうがやや早い傾向がある。
各地の繁殖期は1か月程度、産卵開始から約2〜3か月は幼生が見られる。
高標高の繁殖地ではヤマアカガエルは5月以降に産卵することもある。

繁殖地周辺の水田や林の中などで幼体や成体が見られる。

トノサマガエルのなかま p.30,31

トノサマガエル
トウキョウダルマガエル
ナゴヤダルマガエル

繁殖開始から冬眠まではほとんど水田にいる。

ニホンアマガエル p.33

幼体・成体は水田とその周辺の草地や林縁でよく見つかる。
暖かい日は鳴いていることがある。
暖かい日は鳴いていることがある。

シュレーゲルアオガエル p.34

田植えが始まると卵がよく見つかる。繁殖期は2か月程度。
繁殖期以外で成体を見つけることは難しい。
上陸後しばらくすると幼体も見られなくなる。
たまに林の中から鳴き声が聞こえる。

ヌマガエル p.33

移入先の関東では6月頃から鳴く。
繁殖開始から冬眠まではほとんど水田にいる。

エゾアカガエル p.38

高標高では7月頃まで産卵。

■━■ 繁殖期　　┣━━┫ 成体などが見られる時期　　┣━━┫ 繁殖期以外で幼生が見られる時期

日本列島は南北に長いため、同じ種のカエルでも地域によって活動時期が変わる。
暖かい地域や標高が低いところほど活動が早い。特に水田での観察には、地域によって
稲作の時期が違うので、カエル探しをする地域の田植え時期などを知っておくと良い。

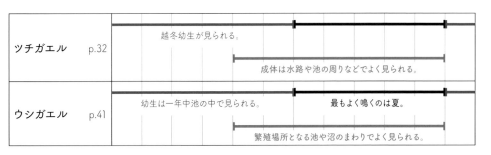

		11月	12月	1月	2月	3月	4月	5月	6月	7月	8月	9月	10月

ツチガエル　p.32
越冬幼生が見られる。
成体は水路や池の周りなどでよく見られる。

ウシガエル　p.41
幼生は一年中池の中で見られる。
最もよく鳴くのは夏。
繁殖場所となる池や沼のまわりでよく見られる。

おもに山地で見られるカエル

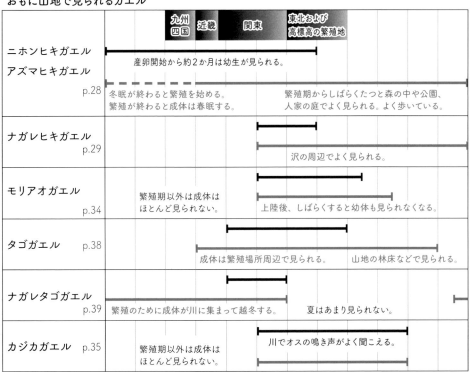

ニホンヒキガエル
アズマヒキガエル　p.28
九州四国　近畿　関東　東北および高標高の繁殖地
産卵開始から約2か月は幼生が見られる。
冬眠が終わると繁殖を始める。繁殖が終わると成体は春眠する。
繁殖期からしばらくたつと森の中や公園、人家の庭でよく見られる。よく歩いている。

ナガレヒキガエル　p.29
沢の周辺でよく見られる。

モリアオガエル　p.34
繁殖期以外は成体はほとんど見られない。
上陸後、しばらくすると幼体も見られなくなる。

タゴガエル　p.38
成体は繁殖場所周辺で見られる。　山地の林床などで見られる。

ナガレタゴガエル　p.39
繁殖のために成体が川に集まって越冬する。　夏はあまり見られない。

カジカガエル　p.35
繁殖期以外は成体はほとんど見られない。
川でオスの鳴き声がよく聞こえる。

雨の中現れた成体（愛知県6月）

ヒキガエル科

アズマヒキガエル
Bufo japonicus formosus

海 浅 渓 地 ／ 平 丘 高

♂43-161mm、♀53-162mm

都市部の住宅地から高山帯の池まで幅広く分布する身近なカエル。繁殖は早春の短期間におこなわれ、複数のオスがメスを奪い合うカエル合戦が見られる。繁殖した後、春眠してから活動を再開する。

抱接して繁殖地に向かうペア
（福島県6月）

渓流にいた赤みが強い成体
（東京都7月）

林床を歩くオス（東京都11月）

草地に現れた成体（高知県6月）

ヒキガエル科

ニホンヒキガエル
Bufo japonicus japonicus

海 浅 渓 地 ／ 平 丘 高

♂80-163mm、♀84-176mm

海岸付近から都市部、高山まで広く分布する。産卵時期はおもに早春だが、屋久島などでは10月には始まり、高山帯で5月におよぶ。池沼や湿地などの浅い止水域に集まり、紐状の卵塊を産む。

成体の正面顔（和歌山県6月）

跳ねずに歩いて移動することが多い（徳島県3月）

カエル合戦（兵庫県3月）

ナガレヒキガエル

Bufo torrenticola

 川 / 高

♂70-121mm、♀88-168mm

渓流と周辺の森林に生息し、非繁殖期でも渓流周辺でよく見られる。4〜5月に滝壺や淵、川岸のよどみに集まり、紐状の卵塊を産む。幼生は流水に適応しており、流されないように大きな口器で岩に吸い付く。

渓流の石の上にいたオス（奈良県9月）

赤みが強いメス（奈良県7月）

抱接中のペアとオス（奈良県4月）

大型の口器で吸い付いて水流に耐える幼生（滋賀県6月）

ヒキガエルのなかま〜繁殖から上陸まで

① 繁殖
多数が集まって繁殖するカエル合戦（ニホンヒキガエル、兵庫県3月）

② 卵塊
ヒキガエルの卵塊は長い紐状（左：アズマヒキガエル、滋賀県4月・右：ナガレヒキガエル、奈良県4月）

③ 孵化後〜幼生
黒い帯のように見える、密集した幼生の群れ（アズマヒキガエル、長野県5月）

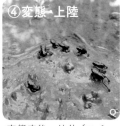
④ 変態〜上陸
変態直後の幼体（アズマヒキガエル、愛知県5月）

⑤ 幼体
2cmほどに成長（ニホンヒキガエル、岡山県8月）

抱接中のペア（大阪府5月）

アカガエル科

トノサマガエル
Pelophylax nigromaculatus

田 浅 深 川 / 平 丘 高 / NT

♂38-81mm、♂63〜94mm

水田の代表的なカエルで、成熟したオスは背面が黄金色を帯びる。平地から山地の水田、池沼、川原などに生息し、浅い水場に平たい円形の卵塊を産む。非繁殖期には水辺から離れた場所にも移動する。

水田に集まって鳴くオスたち
（大阪府5月）

頬の鳴嚢を膨らませて鳴くオス
（大阪府5月）

水田にいた幼体（大阪府7月）

田植え前の水田に現れたオス（宮城県5月）

アカガエル科

トウキョウダルマガエル
Pelophylax porosus porosus

田 浅 深 川 / 平 丘 高 / NT

♂39-75mm、♀43-87mm

水田を代表するカエルの1つで、関東平野以北の太平洋側を中心に分布する。トノサマガエルとよく間違われるが、体色や足の長さに違いがある。圃場整備や農法の変化などで近年減少している。

頬の鳴嚢を膨らませて鳴くオス
（埼玉県7月）

上陸直後の幼体（埼玉県7月）

卵塊は崩れやすく、すぐに見つけにくくなる（埼玉県5月）

ナゴヤダルマガエル
Pelophylax porosus brevipodus

田 浅 □□□ / 平 丘 □ / EN

♂35-62mm、♀37-73mm

トウキョウダルマガエルの亜種で、形態や鳴声から名古屋種族と岡山種族に分かれる。水辺から離れず、平地や丘陵地の水田や湿地、ため池に生息し、浅い水場に小卵塊を複数回に分けて産む。

水田にいた成体（愛知県6月）

頬の鳴嚢を膨らませて鳴くオス（滋賀県5月）

水たまりで泳ぐ成体（滋賀県8月）

畦の地中20cm下で冬眠していた（岡山県11月）

色や模様が多様なトノサマガエルのなかま

トノサマガエル

大阪府

大阪府

大阪府

北陸・上越地方には背中線のないトノサマガエルが出現し、"高田型"と呼ばれています。

トウキョウダルマガエル

福島県

福島県

福島県

成体（富山県）

トノサマガエルとダルマガエルの分布が重なる場所では雑種ができることがあります。

ナゴヤダルマガエル

滋賀県（名古屋種族）

愛知県（名古屋種族）

兵庫県（岡山種族）

トノサマガエルとトウキョウダルマガエルの雑種（メス）（福島県）

夜間活動していた成体（大阪府 5 月）

アカガエル科

ツチガエル
Glandirana rugosa

田 浅 深 川 / 平 丘 高

♂37-46mm、♀44-53mm

平地から山地の水田や水路、河川周辺などに生息。ゆるやかな流れのある水場を好む。5〜9月に浅い水域に小卵塊を複数回に分けて産卵する。幼生で越冬することも多く、変態後もよく水中で越冬する。

用水路で喉の鳴嚢を膨らませて鳴くオス（大阪府 7 月）

背中線のある成体（新潟県 7 月）

幼体（大阪府 10 月）

水田畔にいた成体（佐渡島 7 月）

アカガエル科

サドガエル
Glandirana susurra

田 浅 深 川 / 平 丘 高 / EN

♂33-44mm、♀38-50mm

ツチガエルによく似た佐渡島固有のカエルで、2012年に新種として記載された。平地の水田環境に生息し、5〜8月に水田や流れのゆるい小川などに産卵する。オスの鳴声がとても小さいのも特徴である。

水田で活動する背中線のある成体（佐渡島 8 月）

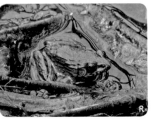

ため池にいた成体（佐渡島 6 月）

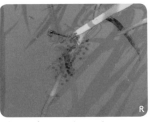

水田に産みつけられた卵（佐渡島 8 月）

水田に向かう成体（大阪府7月）

ヌマガエル
Fejervarya kawamurai

田 浅 川 ／ 平 丘

♂29-45mm、♀32-54mm
平地から丘陵地の水田や湿地、河原などに多く生息し、高温に強い耐性をもつ。4〜8月に浅い水場に小卵塊を複数回に分けて産卵する。関東地方や対馬など各地で国内外来種となって定着している。

喉の鳴嚢を膨らませて鳴くオス（大阪府7月）

抱接中のペア（奄美大島6月）

背中線がある（左）、背面が緑色（右）（大阪府7月）

抱接中のペア（大阪府5月）

ニホンアマガエル
Hyla japonica

田 浅 ／ 平 丘 高

♂22-39mm、♀26-45mm
水田の代表的なカエルで平地から高地まで広く分布し、住宅地でも見られる。大きな声で鳴き、水中の草などに少数ずつ卵塊を産みつける。背中の色を灰色から緑色、まだら模様などに変化させる。

喉の鳴嚢を膨らませて鳴くオス（大阪府5月）

草の上で休む個体（福島県5月）

周囲の色に合わせて体色を変える（福島県9月）

アオガエル科

モリアオガエル
Rhacophorus arboreus

田 浅 深 川 / 平 丘 高

♂42-60mm、♀59-82mm

平地から高山の森林に広く分布する樹上性の大型のカエル。水田や池沼、湿地の水際、水上に突き出た枝などに泡状の卵塊（泡巣）を産む。産卵時は1匹のメスに対して複数のオスが抱接・放精する。

赤褐色の斑紋をもつ成体（愛知県5月）

斑紋がない成体（大阪府5月）

産卵場所に向かうペア
（大阪府5月）

喉は白い（兵庫県6月）

アオガエル科

シュレーゲルアオガエル
Rhacophorus schlegelii

田 浅 深 川 / 平 丘 高

♂27-43mm、♀36-59mm

平地から高山の水田、湿地、湿原とその周辺の森林などに生息。水場周辺の地面や草地の穴の中に泡状の卵塊（泡巣）を産卵する。オスは地中や物陰でよく鳴く。非繁殖期は森林にも移動する。

水田に現れたメス（大阪府5月）

高さ1.5mほどの樹上にいた
（熊本県10月）

草の中で喉の鳴嚢を膨らませて
鳴くオス（大阪府5月）

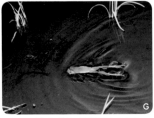

水田で泳ぐ成体（滋賀県5月）

岩の上に陣取るオス（大阪府5月）

カジカガエル
Buergeria buergeri

 浅 川 / 丘高

♂37-44mm、♀49-69mm
渓流とその周辺の森林に生息し、繁殖期のオスは渓流の石の上になわばりをつくり、水中の石の下に卵を産みつける。湖岸や海岸湿地での産卵も知られる。笛を吹くような美しい声で鳴く。

岩の上で鳴くオス（大阪府5月）

水中から顔を出した個体
（愛知県5月）

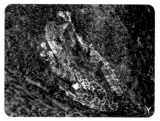

産卵後のメス（大阪府6月）

アオガエルのなかま〜繁殖のしかたの違い

	モリアオガエル	シュレーゲルアオガエル	カジカガエル

抱接・産卵

メス1匹と複数のオスで産卵
（愛知県5月）

メス1匹と複数のオスで産卵
（広島県4月）

メス1匹とオス1匹で産卵
（大阪府5月）

卵塊

おもに樹や草の上に大きな泡巣
を産みつける（埼玉県6月）

泡巣拡大

おもに土中に隠して小さな泡巣を
産みつける（大阪府5月）

渓流の石の裏に産みつける
（栃木県6月）

幼体

変態直後の幼体（大阪府8月）

変態した幼体（京都府6月）

変態直後の幼体（埼玉県6月）

冬眠に備えて活動していたメス（三重県10月）

アカガエル科

ニホンアカガエル
Rana japonica

田 浅 深 川 / 平 丘 高

♂34-63mm、♀43-67mm

水田や湿地、河川敷の水たまりなどで繁殖する。産卵は冬から始まり、丸い卵塊を産む。繁殖後は春眠してから活動する。ヤマアカガエルと似ているが、より平地を好む傾向が強い。

繁殖のため水田に現れたオス（宮城県5月）

産卵にきたメスに抱きつく2匹のオス（広島県1月）

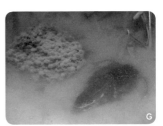

産卵中のペア（右）と卵塊（左）（大阪府1月）

産卵のため休耕田に現れたメス（兵庫県2月）

アカガエル科

ヤマアカガエル
Rana ornativentris

田 浅 深 川 / 平 丘 高

♂42-60mm、♀36-78mm

丘陵地から高山帯まで山地に広く分布する。初春に山裾の水田や湿地の水たまり、池などで繁殖する。ニホンアカガエルと似ているが、より山地を好み、繁殖後には水場のほか、周辺の森林などへ移動する。

腕を立てどこかを見つめる産卵前のメス（兵庫県2月）

抱接するペア（茨城県3月）

変態を完了した幼体（三重県6月）

産卵前のメス（対馬 2 月）

ツシマアカガエル
Rana tsushimensis

田浅 ／ 平丘高 ／ NT

♂31-37mm、♀37-44mm

対馬固有の小型のアカガエルで、平地から山地まで広く分布する。産卵期は長く、湿地や湧水だまりでは2月ごろから産卵が始まり、4～5月になっても水田で産卵が見られる。

オス（対馬 2 月）

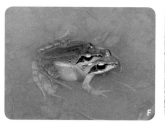
抱接中のペア（対馬 4 月）

土水路の卵塊、感触は柔らかく崩れやすい（対馬 3 月、右上 2 月）

オス（対馬 2 月）

チョウセンヤマアカガエル
Rana uenoi

田浅 ／ 平丘高 ／ NT

♂51-62mm、♀59-76mm

対馬の平地から山地まで生息し、朝鮮半島にも分布する。産卵は2～4月に水田や湿地、湧水だまりなどでおこない、産卵期は短い。分布が重なるツシマアカガエルに比べると大型になる。

産卵後のメス（対馬 2 月）

繁殖期の終りごろ、メスを待つオス（対馬 3 月）

湿地の多数の卵塊、感触はヤマアカガエルの卵塊に似る（対馬 2 月）

繁殖期のオス（北海道 4 月）

アカガエル科

エゾアカガエル
Rana pirica

田 浅 深 川 ／ 平 丘 高

♂46-55mm、♀54-72mm

ヤマアカガエルに近縁で、平地から標高2,000m級の山地まで分布し、森林や草地などさまざまな環境に生息する。雪解けのころに池や湿地で産卵するが、地域や標高によって時期はかなり幅がある。

頬の鳴嚢を膨らませて鳴くオス（北海道 4 月）

早春の個体は背面が黒っぽい（北海道 4 月）

産卵場所にて、成体とおびただしい数の卵塊（北海道 5 月）

登山道に現れた成体（大阪府 8 月）

アカガエル科

タゴガエル
Rana tagoi tagoi

田 浅 深 川 ／ 平 丘 高

♂30-58mm、♀31-54mm

丘陵地から高山帯まで山地に広く分布し、渓流周辺の森林に生息する。2〜6月に沢や湧水の浸み出す岩の下に産卵する。卵は卵黄分を多く含み、幼生は餌を食べずに成長し、変態することができる。

抱接するペア（岡山県 4 月）

数十個体が集まり産卵、卵塊は100以上（山形県 6 月）

大きさ約1cm の小さい幼体（三重県 10 月）

カエル図鑑

繁殖期の終りごろ、渓流に留まるオス（奈良県4月）

ナガレタゴガエル
Rana sakuraii

川 / 高

♂38-61mm、♀43-64mm
渓流周辺の森林に生息するタゴガエルの近縁種。繁殖期は2〜4月で、渓流の淵や川岸のよどみに多数が集結して川の中の岩や石の下などに産卵する。繁殖期には背中の皮膚がぶよぶよにたるむ。

皮膚がたるみ水かきも発達した繁殖期のペア（東京都2月）

岩の下にいたオスと卵塊（奈良県3月）

林道に現れた大きさ約1cmの幼体（奈良県9月）

ネバタゴガエル
Rana neba

川 / 丘 高

♂38-48mm、♀44-46mm
山地の森林に生息し、外見や生態はタゴガエルに非常によく似ている。染色体数や鳴き声がタゴガエルとは異なり、2014年に新種として発表された。分布はタゴガエルとはほとんど重ならない。4〜5月に産卵する。

下伊那郡根羽村（基準産地）周辺の成体（長野県7月）

沢に現れた成体（静岡県11月）

岩の隙間に産みつけられた卵塊（三重県4月）

沢の周辺にいた幼体（愛知県7月）

沢沿いの林床でよく見られる（隠岐島・島後 9 月）

アカガエル科

オキタゴガエル
Rana tagoi okiensis

田 浅 深 川 / 平 丘 高 / NT

♂38-43mm、♀45-53mm

隠岐諸島の島後と島前（西ノ島）固有のタゴガエルの亜種で、山地の森林に生息する。外見や生態はタゴガエルとよく似ており、2〜3月に流れのゆるやかな伏流水中に産卵する。

沢に現れた成体オス
（隠岐島・島後 3 月）

沢に現れたペア
（隠岐島・島後 2 月）

沢の石の下のオスと産みつけられた卵塊（隠岐島・島後 3 月）

メス成体（屋久島 7 月）

アカガエル科

ヤクシマタゴガエル
Rana tagoi yakushimensis

田 浅 深 川 / 平 丘 高 / NT

♂37-48mm、♀42-53mm

屋久島固有のタゴガエルの亜種で、山地の森林に生息する。タゴガエルと似た生態をもち、10〜4月に岩の隙間や流れのゆるい伏流水などに産卵する。鳴き声はよく聞こえるがその姿を見ることは難しい。

沢に現れたペア（屋久島 2 月）

林内で活動中のメス（屋久島 7 月）

岩穴で鳴いていたオス
（屋久島 11 月）

ウシガエル
Lithobates catesbeianus

田 浅 深 川 / 平 丘 / 外

♂111-178mm、♀120-183mm

特定外来生物であり、原産は北米。平地から山地の池沼、湖、河川のよどみなどに生息する。都市部の劣悪な環境でも見られ、牛のような大きな声で鳴く。止水域の水面にシート状の卵塊を産みつける。

ため池の岸にいたオス（大阪府8月）

幼生のまま冬を越すと10cm以上にも成長する（兵庫県9月）

水面に浮かんでシート状に広がる卵塊（茨城県6月）

変態した幼体（滋賀県8月）

アフリカツメガエル
Xenopus laevis

浅 深 / 平 / 外

♂54-78mm、♀60-96mm

アフリカ大陸南部原産の外来種。実験動物として利用されているが、逃げ出したり捨てられたものが各地に定着している。完全な水生だが、雨の日に陸上を移動することがある。生態系被害防止外来種に指定。

ため池の浅瀬に現れた成体（和歌山県9月）

変態直後の幼体（和歌山県9月）

ハス田に現れた個体（千葉県6月）

幼生には1対のヒゲが、成体の後肢には3つの黒爪がある（和歌山県9月）

「普通種」タゴガエルに秘められた多様性

タゴガエルのなかまは本州・四国・九州と周辺の島々に広く分布し、山地では比較的簡単に観察できるありふれたカエルです。ところが近い将来、本種のそうした「普通種」というイメージが覆るかもしれません。

1990年代に近畿地方のタゴガエルの中に大きく育つもの（大型）と、成体になってもとても体が小さいもの（小型）がいることが発見されて以降、この「大型と小型のタゴガエルに関する話題」がたびたび取り上げられてきました。たとえば京都市内では、3～4月にかけて小型（写真）が繁殖期を迎え、それから少し遅れた4～5月にかけて大型が繁殖を行います。これらの2型は鳴き声も違っており、小型が短く1～2音の低音で鳴くのに対し、大型は少し長い1～5音の比較的高い声で鳴きます。こうした違いを考慮して、大型と小型が別種であることはほぼ間違いないと言われていました。

しかし、全国のタゴガエルのなかまのミトコンドリアDNAを解析した結果、このグループの分類はそれほど単純ではないことがわかってきました（図1）。主な問題点の1つは近畿周辺の大型タゴガエルと思われていた集団が系統樹上で大きく2つに分かれてしまったこと、2つ目の問題は、タゴガエルとは別の種とされているナガレタゴガエルやネバタゴガエルが各地域のタゴガエルからなる系統の内部に含まれてしまうことです。この結果は現在の形態や生態にもとづく種の分類体系とは食い違っていて、タゴガエルは大型・小型以外にも、さらに複数の種に分割されうることを示しています。大きいタゴガエルと小さいタゴガエルを2種に分ける、タゴガエルの分類はそんな単純な話ではなかったのです。

混沌としてきたタゴガエルの系統解析の結果ですが、近年進んできた核DNAを用いた研究の結果から、その複雑な進化の歴史が明らかになりつつあります。タゴガエルのなかまは、比較的最近になってから種が分かれ始めたグループであると考えられます。そのため、タゴガエルの祖先がもともともっていた遺伝子の地理的変異や、過去に種間で起こった交雑が影響し、種の系統樹とミトコンドリアDNAの系統樹とが一致しない状態が生じているのかもしれません。大小のタゴガエルについても、過去の交雑で小型のミトコンドリアDNAが大型の一部に取り込まれたことがわかっています（図2）。

こうした研究が進むことで、これまで1種類が全国に広く分布するとされてきたタゴガエルは、より分布域の狭い複数の種に分割されるでしょう。将来みなさんの地元で、「珍しいタゴガエル」が見つかる日がくるかもしれません。

ミトコンドリアDNAによる遺伝子系統樹（一部省略）

図1

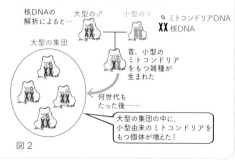

図2

奄美群島のカエル

九州
屋久島・種子島

渡瀬線（＊）

トカラ列島
自然分布しているのは
リュウキュウカジカガエルのみ。

奄美群島・沖縄諸島を含む"中琉球"と呼ばれる地域は、ほかの地域では見られない独特なカエルが分布しています。
その北側に位置する奄美群島には、全体としては沖縄諸島のカエルと近縁な種が多く、種構成も似ています。

もっとも大きい奄美大島には、この地域で見られる全種がいますが、周辺の島々では大きさや地形、環境、たどった歴史によって、各島に生息する種の構成は変化に富んでいます。

沖縄諸島

この地域に生息するカエル

ハロウエルアマガエル	アマミアオガエル
アマミアカガエル	リュウキュウカジカガエル
アマミハナサキガエル	ヒメアマガエル
アマミイシカワガエル	
オットンガエル	外来種
ヌマガエル	シロアゴガエル

（＊）渡瀬線をトカラ列島のどの位置にするかは諸説あり、生物によっても違います。本書ではカエルの種類に着目し、トカラ列島の北端に渡瀬線をおいています。

カエル検索表
奄美群島

Start!

大きさはどれくらい？

タンカンより小さい

タンカンより大きい
*タンカンの直径は約6cm、
甘みが強く香りがよい
奄美大島特産の柑橘類。

指先にはっきりと吸盤がある？	No┈┈▶	茶色っぽくて、背中にたくさんいぼがある？	No┈┈▶	顔がとても小さい？

Yes

Yes

ヌマガエル
p.33

Yes No

ヒメアマ
ガエル
p.49

斑紋模様がぶつぶつしている？	No┈┈▶	体の色は緑一色？		眼や鼓膜と唇の間が黒く塗りつぶされている？

Yes

アマミ
イシカワ
ガエルの幼体
p.53

Yes No

ハロウエル
アマガエルと
アマミアオガエル
の見分けかたへ
p.51

No

Yes

アマミ
アカガエル
p.52

背中のしま模様が特徴
（模様のない個体もいる）

リュウキュウ
カジカ
ガエル
p.49

◀Yes 背中がぶつぶつざらざらしている？ No▶ シロアゴ
ガエル
p.64
特定外来生物

奄美とトカラの島々のカエル

島によって生息するカエルが異なるため、
見つけた場所も見分けのヒントになります。
ヌマガエル、リュウキュウカジカガエル、ヒメ
アマガエルは奄美群島のどの島にもいます。

★国外外来種　☆国内外来種

トカラ列島
　リュウキュウカジカガエル
☆ヒメアマガエル（諏訪之瀬島に移入）

斑紋模様が
ぶつぶつしている？

Yes　　No

アマミ
イシカワ
ガエル
p.53

鼻がとがっていて
腕が細い

Yes　　No

アマミ
ハナサキ
ガエル
p.52

オットン
ガエル
p.53

奄美大島
　ハロウエルアマガエル
　アマミアカガエル
　アマミハナサキガエル
　アマミイシカワガエル
　オットンガエル
　ヌマガエル
　アマミアオガエル
　リュウキュウカジカガエル
　ヒメアマガエル

喜界島
　ハロウエルアマガエル
　ヌマガエル
　リュウキュウカジカガエル
　ヒメアマガエル

与路島
　ハロウエルアマガエル
　ヌマガエル
　アマミアオガエル
　リュウキュウカジカガエル
　ヒメアマガエル

加計呂麻島
　ハロウエルアマガエル
　アマミアカガエル
　オットンガエル
　ヌマガエル
　アマミアオガエル
　リュウキュウカジカガエル
　ヒメアマガエル

沖永良部島
　ハロウエルアマガエル
　ヌマガエル
　アマミアオガエル
　リュウキュウカジカガエル
　ヒメアマガエル

与論島
　ハロウエルアマガエル
　ヌマガエル
　リュウキュウカジカガエル
　ヒメアマガエル
★シロアゴガエル

徳之島
　ハロウエルアマガエル
　アマミアカガエル
　アマミハナサキガエル
　ヌマガエル
　アマミアオガエル
　リュウキュウカジカガエル
　ヒメアマガエル

請島
　ハロウエルアマガエル
　ヌマガエル
　アマミアオガエル
　リュウキュウカジカガエル
　ヒメアマガエル

探してみよう！カエルの卵

繁殖地にはカエルが集まります。鳴き声がしたり、
卵やオタマジャクシがいたりします。
種によって産卵に使う場所や環境は異なります。
繁殖時期に合わせて探してみよう。

低地

奄美に水田は多くないがハロウエルアマガエル、ヒメアマガエル、ヌマガエ
ル、アマミアオガエルが産卵に訪れる。鳴き声のするほうへ行ってみよう。

水が張ってあるタイモ畑にはヒメア
マガエルやヌマガエルが産卵する。

リュウキュウカジカガエル、
ヒメアマガエルが産卵

人家のまわりでも人工の池や水のたまった側溝、バケツなどが
産卵場所になることがよくある。

アマミアオガエルの卵は平地～山
地、水田の畦や池の脇、森林まで見
られる範囲が広い。地面の上から木
の枝先など、いろいろな場所に泡巣
を産む。

リュウキュウカジカガエルは海岸近くから山地まで、林道脇
でも渓流近くでも、いろいろなところで産卵する。深い水場
には産卵しないため、浅い止水があったらのぞいてみよう。

アマミアカガエルも林道脇にで
きた水たまりなどに産卵する。

④渓流の近くでも流れがほと
どなければアマミアカガエル
が産卵することもある。

＊カエルの産卵を見かけやすい場所や環境の目安であり、ほかの場所でも産卵することがあります。
＊カエルがたくさんいるところにはヘビもやってきます。ハブのなかまなど毒をもつヘビに注意しよう。

渓流周辺

アマミイシカワガエルは源流付近の岩の隙間などで産卵する。

オットンガエルやアマミイシカワガエルの幼生はこのようなところで育つ。

林道脇にある池や溝にも、いろいろなカエルが産卵に集まる。特に沢を林道が横切るところに作られた人工的な止水域は要チェック。

オットンガエルの産卵のための産卵床。湿地に直径30cmくらいの浅いくぼみを掘って産卵する。源流付近にもいる。

渓流の源流付近

① ②

沢近くの池など

よどみや滝つぼ

③

④

流れの緩やかなところ

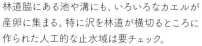

渓流のよどみや滝つぼの中ではアマミハナサキガエルが産卵する。

水中の岩に白い卵がついていないか探してみよう。

カエル探しカレンダー

カエルは見られる時期が種類によって違うので
会いたいカエルのスケジュールを知っておこう!

大型のカエルは主に山地だが、小型のカエルは低地周辺でもたくさん見られる。
一年中どこかで産卵が行われているので、季節や場所に合わせて探そう。

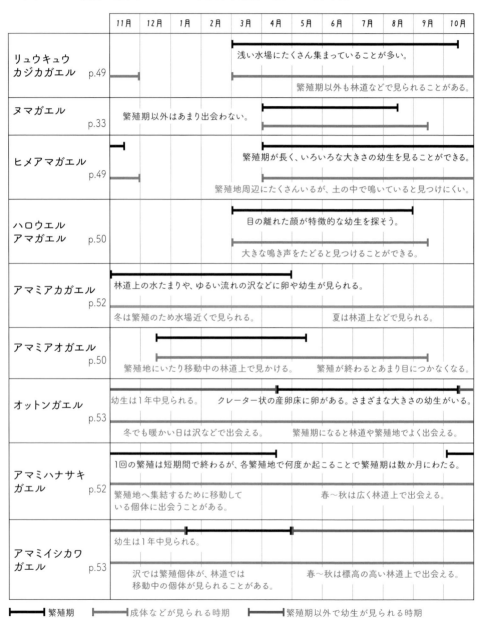

	11月	12月	1月	2月	3月	4月	5月	6月	7月	8月	9月	10月

リュウキュウカジカガエル p.49
浅い水場にたくさん集まっていることが多い。
繁殖期以外も林道などで見られることがある。

ヌマガエル p.33
繁殖期以外はあまり出会わない。

ヒメアマガエル p.49
繁殖期が長く、いろいろな大きさの幼生を見ることができる。
繁殖地周辺にたくさんいるが、土の中で鳴いていると見つけにくい。

ハロウエルアマガエル p.50
目の離れた顔が特徴的な幼生を探そう。
大きな鳴き声をたどると見つけることができる。

アマミアカガエル p.52
林道上の水たまりや、ゆるい流れの沢などに卵や幼生が見られる。
冬は繁殖のため水場近くで見られる。 夏は林道上などで見られる。

アマミアオガエル p.50
繁殖地にいたり移動中の林道上で見かける。 繁殖が終わるとあまり目につかなくなる。

オットンガエル p.53
幼生は1年中見られる。 クレーター状の産卵床に卵がある。さまざまな大きさの幼生がいる。
冬でも暖かい日は沢などで出会える。 繁殖期になると林道や繁殖地でよく出会える。

アマミハナサキガエル p.52
1回の繁殖は短期間で終わるが、各繁殖地で何度か起こることで繁殖期は数か月にわたる。
繁殖地へ集結するために移動している個体に出会うことがある。 春〜秋は広く林道上で出会える。

アマミイシカワガエル p.53
幼生は1年中見られる。
沢では繁殖個体が、林道では移動中の個体が見られることがある。 春〜秋は標高の高い林道上で出会える。

├──┤繁殖期 ├──┤成体などが見られる時期 ├──┤繁殖期以外で幼生が見られる時期

リュウキュウカジカガエル
Buergeria japonica

田 浅 深 川 / 平 丘 高

♂25~30mm、♀27~37mm

低地から山地まで幅広い環境に生息する。ゆるく流れる浅い水場で産卵し、林道の水たまりにオスが集まってメスを待つ姿がよく見られる。海岸の水たまりや40℃以上の温泉での繁殖も知られている。

水場の近くで鳴くオス（沖縄島6月）

水辺にやってきた成体
（沖縄島5月）

メス（沖縄島6月）

産卵中のペア（西表島7月）

ヒメアマガエル
Microhyla okinavensis

田 浅 深 / 平 丘 高

♂22-26mm、♀24-32mm

頭が小さい独特な体型で、幼生も特徴的な形をしている。日本最小のカエルで、大きな声で鳴く。低地から山地まで広く分布し、水田や水たまりなどで繁殖する。南西諸島の水田ではとても個体数が多い。

抱接中のペア（奄美大島6月）

喉の鳴囊を膨らませて鳴くオス
（奄美大島6月）

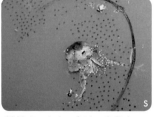

総排出口を上に向けて産卵中
（沖縄島3月）

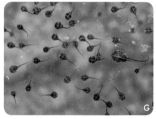

幼生は透明で目が体の真横にある（沖縄島5月）

樹上で喉の鳴嚢を膨らませて鳴くオス（沖縄島6月）

アマガエル科

ハロウエルアマガエル
Hyla hallowellii

田 浅 深 川 / 平 丘 高

♂30-37mm、♀34-39mm

鳴き声は大きいが、樹上にいることが多く目につきにくい。集落の周辺を含めて平地に多く生息し、夏にさまざまな水たまりで繁殖する。ニホンアマガエル（p.33）と違い、体色はあまり変化しない。

水田に現れた成体
（沖縄島3月）

抱接中のペア（沖縄島8月）

喉の鳴嚢を膨らませて鳴くオス
（奄美大島6月）

樹上にいるメス（奄美大島4月）

アオガエル科

アマミアオガエル
Rhacophorus amamiensis

田 浅 深 川 / 平 丘 高

♂45-56mm、♀65-77mm

樹上性で平地に多いが、山地でも見られる。冬から春に繁殖し、湿地や池などの上に突き出た枝上や水際の地面に白い泡状の卵を産む。オキナワアオガエル（p.63）に近縁で、最近まで亜種とされていた。

抱接中のペア（奄美大島4月）

草の上で休むオス（奄美大島2月）　鳴いているオス（奄美大島2月）

似ている種を見分けよう

ハロウエルアマガエルとアマミアオガエル

顔の違い

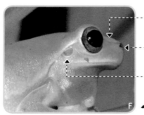

鼻から鼓膜にかけて
黒っぽい線がある

鼻先がとがらない

鼓膜の色が
まわりと違う

ハロウエルアマガエル

鼻先がとがりぎみ
鼓膜の色が
まわりと同じ

アマミアオガエル

成体の大きさ

アマミアオガエルの成体は、
ハロウエルアマガエルより
ひとまわり大きい

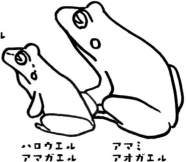

**ハロウエル
アマガエル**　　**アマミ
アオガエル**

マングースに襲われた奄美のカエル

　奄美大島は、奄美群島に分布するカエル全種類が見られる島です。しかし、カエルたちにとって、決して楽園と言える島ではありません。奄美大島には猛毒をもつ蛇であるハブ（写真）が生息しています。咬傷事故も多かったため、ハブの駆除を目的として、1979年にハブを捕食すると考えられていたフイリマングースを導入したのです。しかし、マングースは、ハブよりもアマミノクロウサギやカエル類を捕食し、これらの希少な生物を激減させてしまいました。特に大型のカエルであるオットンガエル、アマミイシカワガエル、アマミハナサキガエルは、マングー

スの導入地点に近い場所ほど見られなくなりました。これに対し、2000年から環境省によるマングース駆除事業が開

始され、「奄美マングースバスターズ」による捕獲が続けられてきました。その結果、マングースの個体数は年々減少しており、カエル類の分布の回復が見られています。現在、2022年度までのマングース完全排除を目標に努力が続いています。マングースからの危機は脱しつつありますが、ほかの外来種や生息地の悪化など、カエルたちの問題がすべて解決したわけではありません。奄美大島で出会うカエルはそれらを生き延びてきたのかもしれないと、思いを馳せてみてください。（ハブには十分ご注意を！）

ハブよりだんぜん
カエル捕まえやすい

繁殖期の水場近くに現れた成体（奄美大島 2 月）

アマミアカガエル
Rana kobai

田 浅 深 川 / 平 丘 高 / NT

♂32-41mm、♀35-46mm

山地を中心に見られる、スリムで小型の奄美群島固有のカエル。小さな声で鳴く。11月ごろから産卵が始まり、浅い水たまりなどにゼリーに包まれた卵を小さな卵塊で、もしくはばらばらに産みつける。

抱接中のペア。メスの腹に卵が透けて見える（奄美大島 12 月）

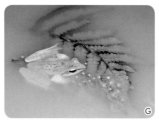

林道の水たまりにいたオスと卵塊（奄美大島 2 月）

繁殖地でメスを待つオス（奄美大島 2 月）

沢に現れた成体（奄美大島 2 月）

アマミハナサキガエル
Odorrana amamiensis

田 浅 深 川 / 平 丘 高 / VU

♂56-72mm、♀68-101mm

山地に生息する大型のカエル。鼻先がとがったスリムな体型で、ジャンプ力が強い。秋から春に渓流のよどみで産卵する。背中の模様は緑と茶色からなり、個体によってさまざまなパターンが見られる。

水中での集団繁殖（奄美大島 10 月）

渓流にいた緑色の多い個体（奄美大島 6 月）

茶色が多い個体（奄美大島 6 月）

アマミイシカワガエル
Odorrana splendida

川 / 高 / EN / 希

♂74-124mm、♀95-137mm

山地に生息する大型のカエルで、オキナワイシカワガエルに近縁。初春から春にかけて源流部の岩穴などに産卵し、幼生は渓流中で成長する。幼生期が長く、変態までに冬を2回越すものもいる。

繁殖のため沢に現れた成体（奄美大島2月）

大型個体（奄美大島11月）

喉の鳴嚢を膨らませて鳴くオス
（奄美大島4月）

岩穴の中の卵と変態直後の幼体
（奄美大島4月、左下8月）

オットンガエル
Babina subaspera

浅 / 川 / 平 丘 高 / EN / 希

♂107-134mm、♀115-128mm

大型でどっしりした体型のカエル。繁殖期間が春から秋にかけての半年ほどと長い。前肢に拇指と呼ばれる5本目の指があり、内部から鋭いトゲ状の骨が突出する。これはオス間の闘争や抱接に使用する。

腕の太いオス（奄美大島8月）

クレーター状の産卵床で産卵中の
ペア（奄美大島6月）

日中、水場の岸にいたオス
（奄美大島6月）

前肢の指は5本、拇指からはトゲ状の骨が出る（奄美大島8月）

生き残れ！カエル双六（すごろく）

サイコロを振って出た目の数だけ進もう！

卵から無事に
成体になれるかな!?

Start!

赤マスは
スタートに戻る

カエルの卵は、水生昆虫やイモリ、
オタマジャクシにも食べられることがあるよ

イモリが卵を食べにきた！

1マス戻る

G

オタマジャクシは、藻類や死んだ
動物などを削るようにはむはむ食べる

成長するオタマジャクシ

N

孵化した

雨が降らず水がなくなった…

死

F

水がなくなれば、卵もオタマジャクシも全滅だ。
でも水たまりは、ときどき水がなくなるために、
魚のような捕食者が住めないという利点もあるんだ

稲の成長のために、水田を一時的に
乾かす作業を中干しというんだ。
水路に逃げられたら助かったかなぁ

ヘビに食べられた…

F

死

ニホンアマガエルを食べるヒバカリ

中干しから逃げ遅れた…

死

M

ヘビのほかにも、水生昆虫やクモ、ザリガニ、
サワガニ、イモリ、魚など、敵はいっぱい

変態して
上陸だ！

虫を食べた！

G

イナゴを食べる
トノサマガエル

カエルを食べた！

D

ニホンアマガエルを
食べるヌマガエル

カエルはおもに昆虫やクモ、ミミ
ズなどの土壌生物を食べるよ

サンショウウオに食べられた…

死

V

タゴガエルを食べる
ヒダサンショウウオ

p.65
に続く

54

沖縄諸島のカエル

<ruby>沖縄諸島<rt>おきなわしょとう</rt></ruby>のカエル

"中琉球"の南側に位置する沖縄諸島の
カエルは奄美群島と近縁な種類が多く
分布していますが、奄美に近縁種がい
ない独特な種も生息しています。

奄美群島<rt>あまみぐんとう</rt>

もっとも大きい沖縄島には
この地域の全種がいますが、
島内でも山がちな北部と
平坦な南部では生息する種
が異なります。

沖縄島<rt>おきなわじま</rt>

蜂須賀線<rt>はちすかせん</rt>
（慶良間ギャップ）<rt>けらま</rt>

先島諸島<rt>さきしましょとう</rt>

大東諸島<rt>だいとうしょとう</rt>

この地域に生息するカエル

ハロウエルアマガエル	ヒメアマガエル
リュウキュウアカガエル	
オキナワイシカワガエル	外来種
ハナサキガエル	ミヤコヒキガエル
ホルストガエル	オオヒキガエル
ナミエガエル	ウシガエル
ヌマガエル	サキシマヌマガエル
オキナワアオガエル	シロアゴガエル
リュウキュウカジカガエル	

カエル検索表

沖縄諸島

Start!

大きさはどれくらい？

シークゥーサー2個分より小さい

シークゥーサー2個分より大きい

＊シークゥーサー2個分は約8cm
沖縄諸島特産の柑橘類です。

壁や木の上に
張りついて
いませんか？

顔がとても
小さい？　No・・・・・▶

指の先に
吸盤がある？　No・・・・・▶

背中の両脇に
線がある？　No

Yes

Yes

Yes

ヒメアマ
ガエル
p.49

体の色は
緑一色？　◀・・・・・No

斑紋模様が
ぶつぶつしている？

手足が長くて
体がスリム？

Yes　No

Yes

Yes　No

ハロウェル
アマガエルと
オキナワアオガエル
の見分けかたへ
p.64

オキナワ
インシカワ
ガエル
p.62

リュウキュウ
アカガエル
p.62

ホルスト
ガエル
の幼体
p.61

上のくちびるが
白い？　Yes・・・・・

背中の両脇だけ
に線がある？

No　リュウキュウ
カジカガエル
p.49

ハナサキ
ガエル
p.63

Yes　No

シロアゴ
ガエル
p.64
特定外来生物

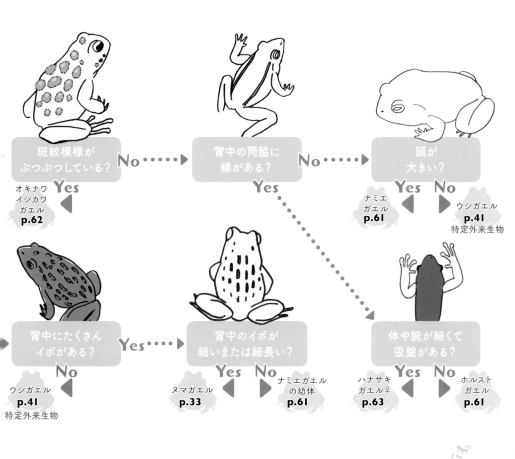

斑紋模様が
ぶつぶつしている?
No ‥‥▶
背中の両脇に
線がある?
No ‥‥▶
頭が
大きい?

Yes
オキナワ
イシカワ
ガエル
p.62

Yes
ナミエ
ガエル
p.61
Yes **No**
ウシガエル
p.41
特定外来生物

背中にたくさん
イボがある?
Yes ‥‥▶
背中のイボが
細いまたは細長い?
体や腕が細くて
吸盤がある?

No
ウシガエル
p.41
特定外来生物

Yes **No**
ヌマガエル
p.33
ナミエガエル
の幼体
p.61

Yes **No**
ハナサキ
ガエル♀
p.63
ホルスト
ガエル
p.61

沖縄の島々のカエル①

島によって生息するカエルが異
なるため、見つけた場所も見分
けのヒントになります。

★国外外来種　☆国内外来種

沖縄島 おきなわじま
ハロウエルアマガエル
リュウキュウアカガエル
オキナワイシカワガエル
ハナサキガエル
ホルストガエル
ナミエガエル
ヌマガエル
オキナワアオガエル
リュウキュウカジカガエル
ヒメアマガエル
★ウシガエル
★シロアゴガエル

伊平屋島 いへやじま
ヌマガエル
オキナワアオガエル
リュウキュウカジカガエル
ヒメアマガエル
★ウシガエル
★シロアゴガエル

久米島 くめじま
リュウキュウアカガエル
ヌマガエル
オキナワアオガエル
リュウキュウカジカガエル
ヒメアマガエル
★ウシガエル
★シロアゴガエル

渡嘉敷島 とかしきじま
ホルストガエル
ヌマガエル
リュウキュウカジカガエル
ヒメアマガエル

大東諸島 だいとうしょとう
☆ミヤコヒキガエル
☆サキシマヌマガエル
★オオヒキガエル
★シロアゴガエル

探してみよう！カエルの卵

繁殖地にはカエルが集まります。鳴き声がしたり、卵やオタマジャクシがいたりします。

種によって産卵に使う場所や環境は異なります。繁殖時期に合わせて探してみよう。

低地

水田ではハロウエルアマガエル、ヌマガエル、ヒメアマガエルが産卵する。

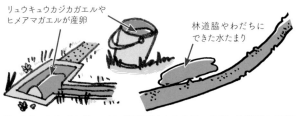

リュウキュウカジカガエルやヒメアマガエルが産卵

林道脇やわだちにできた水たまり

リュウキュウカジカガエルは、海岸近くから山地、公園、林道脇や渓流近くなど、いろいろなところで産卵する。深い水場には産卵しないため、小さい流れや浅い止水があったらのぞいてみよう。

森林や渓流周辺

渓流近くの湿地ではリュウキュウアカガエルも産卵する。

オキナワアオガエルは低地〜山地の水田や池の脇、森林まで広い範囲で見られる。

地面の上から木の枝先までいろいろなところに泡巣を産みつける。おもに冬〜春に見られる。

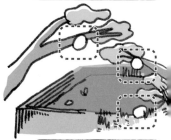

シロアゴガエルの卵はオキナワアオガエルとよく似ている。おもに春〜秋に見られる。

ホルストガエルは湿地の地面を浅く掘って幅30cmほどの産卵床をつくり、産卵する。

渓流の源流のほうではオキナワイシカワガエルが沢の周辺の岩の上などで鳴いている。水のたまった岩の隙間などで産卵する。

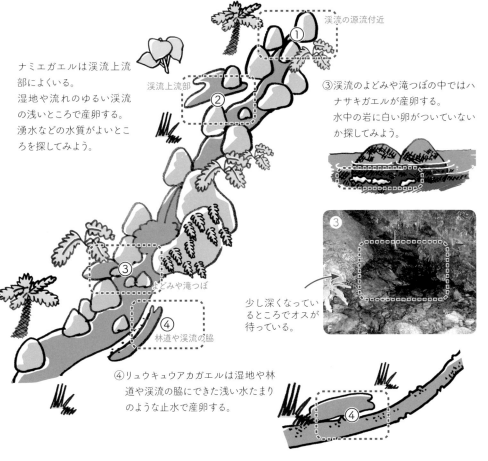

渓流の源流付近

渓流上流部

ナミエガエルは渓流上流部によくいる。
湿地や流れのゆるい渓流の浅いところで産卵する。湧水などの水質がよいところを探してみよう。

③渓流のよどみや滝つぼの中ではハナサキガエルが産卵する。
水中の岩に白い卵がついていないか探してみよう。

よどみや滝つぼ

林道や渓流の脇

少し深くなっているところでオスが待っている。

④リュウキュウアカガエルは湿地や林道や渓流の脇にできた浅い水たまりのような止水で産卵する。

＊カエルの産卵を見かけやすい場所や環境の目安であり、ほかの場所でも産卵することがあります。
＊カエルがたくさんいるところにはヘビもやってきます。ハブのなかまなど毒をもつヘビに注意しよう。

カエル探しカレンダー

カエルは見られる時期が種類によって違うので
会いたいカエルのスケジュールを知っておこう!

繁殖期が長い種もあり、冬でも活動している種も多いので、観察できる時期は長い。

	11月	12月	1月	2月	3月	4月	5月	6月	7月	8月	9月	10月

人里で見られるカエル

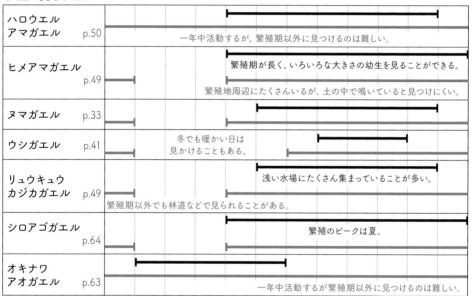

ハロウエルアマガエル p.50
一年中活動するが、繁殖期以外に見つけるのは難しい。

ヒメアマガエル p.49
繁殖期が長く、いろいろな大きさの幼生を見ることができる。
繁殖地周辺にたくさんいるが、土の中で鳴いていると見つけにくい。

ヌマガエル p.33

ウシガエル p.41
冬でも暖かい日は見かけることもある。

リュウキュウカジカガエル p.49
浅い水場にたくさん集まっていることが多い。
繁殖期以外でも林道などで見られることがある。

シロアゴガエル p.64
繁殖のピークは夏。

オキナワアオガエル p.63
一年中活動するが繁殖期以外に見つけるのは難しい。

森林で見られるカエル

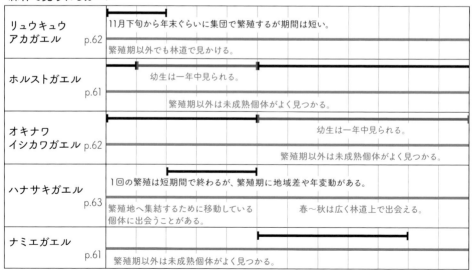

リュウキュウアカガエル p.62
11月下旬から年末ぐらいに集団で繁殖するが期間は短い。
繁殖期以外でも林道で見かける。

ホルストガエル p.61
幼生は一年中見られる。
繁殖期以外は未成熟個体がよく見つかる。

オキナワイシカワガエル p.62
幼生は一年中見られる。
繁殖期以外は未成熟個体がよく見つかる。

ハナサキガエル p.63
1回の繁殖は短期間で終わるが、繁殖期に地域差や年変動がある。
繁殖地へ集結するために移動している個体に出会うことがある。
春〜秋は広く林道上で出会える。

ナミエガエル p.61
繁殖期以外は未成熟個体がよく見つかる。

繁殖期　成体などが見られる時期　繁殖期以外で幼生が見られる時期

林道でたたずむ成体（沖縄島8月）

ホルストガエル
Babina holsti

浅 / 川 / 丘 高 / EN / 希

♂100-124mm、♀103-119mm
山地に生息するずんぐりした大型のカエル。オットンガエル（p.53）に近縁で外見や生態も似ており、前肢に5本目の指をもつ。オスは湿地や浅い水たまりなどに土手のある小さな円形の産卵床をつくる。

沢沿いの林床にいた幼体
（沖縄島6月）

少し成長した幼体（沖縄島5月）

幼生（6-7cm）とシリケンイモリ
（沖縄島6月）

湧水の湧き出し口付近で活動するオス（沖縄島6月）

ナミエガエル
Limnonectes namiyei

浅 / 川 / 丘 高 / EN / 希

♂79-119mm、♀72-91mm
がっしりした体型の大型のカエルで、かつては食用に利用されていた。半水生で山地渓流に生息し、サワガニ類を好んで捕食する。産卵は浅くゆるい流れの小河川、湧水だまりなどでおこなう。

渓流に現れた成体
（沖縄島11月）

側溝にいた成体（沖縄島8月）

大きさ約2-3cmの幼体
（沖縄島11月）

アカガエル科

リュウキュウアカガエル
Rana ulma

田 浅 深 川 / 平 丘 高 / NT

♂33-39mm、♀42-51mm

スリムな体型の小型のアカガエルで、平地から山地まで広く生息する。産卵は初冬に湿地や湧水だまりなどに集まって集団でおこなう。この時期になると産卵場所周辺にヒメハブなどの天敵がよく訪れる。

林床にいた成体（沖縄島5月）

林床にいたオス（沖縄島11月）

メスを奪い合うオスたち
（沖縄島12月）

産卵場の成体とおびただしい数の
卵塊（沖縄島12月）

アカガエル科

オキナワイシカワガエル
Odorrana ishikawae

田 浅 深 川 / 平 丘 高 / EN / 希

♂92-108mm、♀103-116mm

山地渓流の周辺に生息する大型のカエルで、冬に源流部付近の岩穴などに産卵する。幼生は渓流のよどみで成長し、越冬して翌年に変態するものもいる。まれに黄色い色素を欠く青色の個体が見つかる。

林内で活動する成体（沖縄島6月）

沢沿いにいた幼体
（沖縄島11月）

産卵場所の穴の前で鳴いていたオ
ス（沖縄島11月）

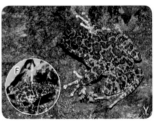

オスと青色の幼体（左下）
（沖縄島11月、左下12月）

沖縄諸島

カエル図鑑

ハナサキガエル
Odorrana narina

川 / 丘 高 / **VU**

♂42-55mm、♀65-75mm
山地に生息し、林道でもよく見かける。スリムな体型でジャンプ力が強い。背中の体色は茶色や緑色とさまざまである。冬に源流域の淵で集団で産卵をおこない、岩に乳白色の卵塊を産みつける。

沢の付近にいた成体（沖縄島 5 月）

地上から1m ほどの枝にのっていた成体（沖縄島 5 月）

茶色の大型個体（沖縄島 11 月）

白い卵塊の側で死んだメスに抱接するオス（沖縄島 3 月）

オキナワアオガエル
Rhacophorus viridis

田 浅 深 / 平 丘 高

♂41-54mm、♀52-68mm
アマミアオガエル（p.50）に近縁な樹上性のカエル。人家の庭から山地までさまざまな環境に生息し、池や湿地の草の根元、水際などに白い泡状の卵塊（泡巣）を産む。体色は緑色で斑紋はない。

枝の上で休むオス（沖縄島 5 月）

樹上で休むオス（沖縄島 11 月）

幼体（沖縄島 10 月）

喉を膨らませて鳴いていたオス（沖縄島 5 月）

林内で活動する成体（沖縄島 6 月）

シロアゴガエル
Polypedates leucomystax

田 浅 深 川 ／ 平 丘 薗 ／ 外

♂47-52mm、♀63-73mm

特定外来生物で、フィリピンからの物資に紛れて持ち込まれたと考えられ、南西諸島で分布を拡大中。樹上性で市街地や畑などの人為的な環境に多い。体色は灰色や灰褐色で縦縞の模様があるものが多い。

樹上で包接するペア
（沖縄島 11 月）

畑地にて、縞模様の見えない個体（瀬底島 12 月）

メス 1 匹とオス 3 匹で産卵中
（沖縄島 8 月）

似ている種を見分けよう

ハロウエルアマガエル・オキナワアオガエル

顔の違い

- 鼻から鼓膜にかけて黒っぽい線がある
- 鼻先はとがらない
- 鼓膜の色がまわりと違う

ハロウエルアマガエル

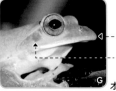

- 鼻先がとがりぎみ
- 鼓膜の色がまわりと同じ

オキナワアオガエル

成体の大きさ

オキナワアオガエル

ハロウエルアマガエル

オキナワアオガエルの成体は、ハロウエルアマガエルより大きい。

オキナワアオガエル
（繁殖期：冬～春）

シロアゴガエル
（繁殖期：春～秋）

オキナワアオガエルの泡巣は、シロアゴガエルのものとよく似ているが、乾くにつれ、シロアゴガエルの泡巣は茶色っぽくなる。

生き残れ！カエル双六

サイコロを振って出た目の数だけ進もう！

ニホンアマガエルや
アオガエルのなかまは、
手を上手に使って虫を食べるよ

小さいうちは、
捕食性の昆虫や
クモも敵になる

p.54
から続き
赤マスはスタートに戻る

虫を食べた

バッタ(?)を食べるニホンアマガエル

G

虫に食べられた…

死

G

鳥もカエルの主な捕食者。
サギの仲間やサシバ(タカの仲間)は
水田周辺でカエルを狙っている。
カエルがたくさんいるということは、
鳥やヘビや獣や虫など、
さらにたくさんの生き物がいるという証なんだ

ヒルに吸血された

1回休み

H

タゴガエル

田んぼでも
山でも、よく
ヒルが
ついている

鳥に食べられた…

Y

死

モズのはやにえになったニホンアマガエル

深いコンクリートの水路に落ちると
流されたり、はい上がれなく
なったりすることがあるよ

水路が改修されていた

2回休み

M

またヘビに食べられた…

死

サドガエルを食べる
ヤマカガシ

R

カエルはときどき脱皮するんだ
脱いだ皮は食べてしまうよ

脱皮した

脱皮した皮を食べる(?)
オットンガエル

F

p.85
に続く

カエルの「種」を分けるもの

世界のカエルは7000種を超え、日本にはそのうち在来40種4亜種が分布しています。カエルは色や形態が異なる種もあれば、よく似ていて違いがわかりにくい種もいます。また、ひとつの種の中にも同じ種とは思えないような違いがあることもあります。それでは研究者はどうやって種を分けているのでしょうか。

「種」とは生物をグループに分ける、つまり分類するときに基礎となる単位です。一般的には異なる2種の間では交雑は起こらないとされており、もし交雑した場合でも子が成長できずに死んだりするため、種は混じり合いません。ほかにも、人工的に交雑させれば子はできるものの、繁殖の場所や時期、鳴声などの繁殖に関わる性質が違うために実際には自然下では交雑が起こらない場合もあります。このような種間の交雑を避ける仕組み（生殖的隔離）があるかどうかが種を分けるときに重要視されています。

最近ではDNAを分析する技術の発達で、種どうしの遺伝的な違いの程度（遺伝的距離）を測れるようになりました。種を分ける基準に遺伝的距離を用いる考えもありますが、どのくらい距離が離れていれば別種となるのかは生物のグループによって異なります。そのため、これまで知られている近縁種間の遺伝的距離と比較したうえで、形態や生態の違いも考慮して分類に用いられることが多くなっています。

種の中の一部の地域集団にはっきりとした外見の違いがある場合に、これを「種」の下の階級「亜種」に分類することがあります。亜種の間に生殖的隔離はなく、同じ場所に2つ以上の亜種が分布することはありません。鼓膜の大きさなどに基づいて日本の東西で亜種に分けられているニホンヒキガエルとアズマヒキガエルがその一例です。

一般的には亜種間の遺伝的距離は種間の距離よりも小さくなります。しかし、一部の特殊な種分化の例ではこうならない場合があります。DNAを分析するとニホンヒキガエルとアズマヒキガエルの2亜種は別の系統に分かれますが、これらとは別の種とされるナガレヒキガエルは、じつはニホンヒキガエルの系統の一部から枝分かれしたものであることがわかっています。このため、遺伝的距離は2つの亜種の間よりも別種であるナガレヒキガエルとニホンヒキガエルの間のほうが小さくなってしまいます（図）。これは特殊な例ですが、ナガレヒキガエルは両亜種と同じ場所に生息しながら産卵場所や時期が異なり基本的には交雑しない別種の関係にある一方、ニホンヒキガエルとアズマヒキガエルの両亜種は分布が重ならず、生殖的隔離もない亜種の関係にあると考えられています。

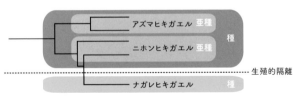

※系統樹の各枝の長さは遺伝的距離をあらわす。
　より根元（図の左側）で枝分かれするほど遺伝的距離が大きい。

種と亜種の関係の特殊な例。アズマヒキガエルとニホンヒキガエルは古くに枝分かれしたが、まだ亜種の関係にある。ニホンヒキガエルの中から分かれたナガレヒキガエルは渓流環境に適応して生殖的隔離が生じ、急速に別種へ進化した。

先島諸島のカエル

"南琉球"とも呼ばれる先島諸島には、台湾や中国大陸のカエルに近縁な種が多く生息しています。
"南琉球"と"中琉球"は慶良間ギャップを挟んで種の構成が大きく変わります。

蜂須賀線
（慶良間ギャップ）

沖縄諸島

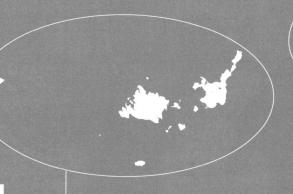

宮古列島
平坦な地形で、湿地や池などで繁殖するカエルだけが見られます。

台湾

八重山諸島
山がちな地形のため渓流性の種も多く見られ、各島に生息する種の構成は変化に富んでいます。

この地域に生息するカエル

ミヤコヒキガエル
オオハナサキガエル
コガタハナサキガエル
ヤエヤマハラブチガエル
サキシマヌマガエル
アイフィンガーガエル
ヤエヤマアオガエル

リュウキュウカジカガエル
ヒメアマガエル

外来種
オオヒキガエル
シロアゴガエル

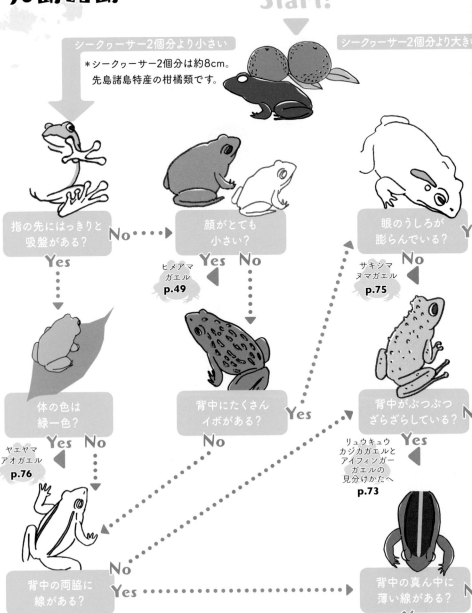

カエル検索表
先島諸島

大きさはどれくらい？

Start!

シークヮーサー2個分より小さい

＊シークヮーサー2個分は約8cm。
先島諸島特産の柑橘類です。

シークヮーサー2個分より大きい

指の先にはっきりと
吸盤がある？

No

顔がとても
小さい？

眼のうしろが
膨らんでいる？

Yes

Yes

ヒメアマ
ガエル
p.49

Yes No

サキシマ
ヌマガエル
p.75

No

体の色は
緑一色？

背中にたくさん
イボがある？

背中がぶつぶつ
ざらざらしている？

N

ヤエヤマ
アオガエル
p.76

Yes No

No

Yes

リュウキュウ
カジカガエルと
アイフィンガー
ガエルの
見分けかたへ
p.73

Yes

背中の両脇に
線がある？

No

Yes

背中の真ん中に
薄い線がある？

N

ヤエヤマ
ハラブチ
ガエル
p.75

Yes

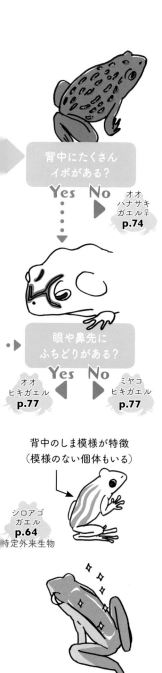

沖縄の島々のカエル②

島によって生息するカエルが異なるため、
見つけた場所も見分けのヒントになります。

★国外外来種　☆国内外来種

背中にたくさん
イボがある？

Yes　No

オオ
ハナサキ
ガエル♀
p.74

眼や鼻先に
ふちどりがある？

Yes　No

オオ
ヒキガエル
p.77

ミヤコ
ヒキガエル
p.77

背中のしま模様が特徴
（模様のない個体もいる）

シロアゴ
ガエル
p.64
特定外来生物

背中の皮に
光沢がある？

Yes　No

オオ
ハナサキ
ガエル
♂または幼体
p.74

コガタ
ハナサキ
ガエル
p.74

石垣島 (いしがきじま)
オオハナサキガエル
コガタハナサキガエル
ヤエヤマハラブチガエル
サキシマヌマガエル
アイフィンガーガエル
ヤエヤマアオガエル
リュウキュウカジカガエル
ヒメアマガエル
★オオヒキガエル
★ウシガエル
★シロアゴガエル

伊良部島 (いらぶじま)
ミヤコヒキガエル
サキシマヌマガエル
ヒメアマガエル
★シロアゴガエル

西表島 (いりおもてじま)
オオハナサキガエル
コガタハナサキガエル
ヤエヤマハラブチガエル
サキシマヌマガエル
アイフィンガーガエル
ヤエヤマアオガエル
リュウキュウカジカガエル
ヒメアマガエル
★ウシガエル

多良間島 (たらまじま)
☆サキシマヌマガエル
☆ヒメアマガエル

宮古島 (みやこじま)
ミヤコヒキガエル
サキシマヌマガエル
ヒメアマガエル
★シロアゴガエル

波照間島 (はてるまじま)
サキシマヌマガエル
リュウキュウカジカガエル
ヒメアマガエル

黒島 (くろしま)
リュウキュウカジカガエル
☆サキシマヌマガエル
☆ヒメアマガエル

与那国島 (よなぐにじま)
リュウキュウカジカガエル
☆サキシマヌマガエル

探してみよう！カエルの卵

繁殖地にはカエルが集まります。鳴き声がしたり、卵やオタマジャクシがいたりします。
種によって、産卵に使う場所や環境は異なります。繁殖時期にあわせて探してみよう。

オオヒキガエル（石垣島）は池や水田などで産卵する（写真は小笠原諸島父島）。

低地

サキシマヌマガエルやヒメアマガエルは水田（左）、水を張ったタイモ畑（右）や沈砂地のような止水域で産卵する。

ミヤコヒキガエルはため池や公園の池などで産卵する。

ヤエヤマアオガエルは低地〜山地の水田や池の脇、森林など広い範囲に見られる。地面から木の枝先までいろいろな場所に泡巣を産みつける。おもに冬〜春に見られる。

バケツの中
水のある側溝など
リュウキュウカジカガエルやヒメアマガエルが産卵
林道脇やわだちにできた水たまり

リュウキュウカジカガエルは海岸近くから山地まで、林道脇でも渓流近くでもいろいろなところで産卵する。深い水場には産卵しないため、浅い止水があったらのぞいてみよう。

シロアゴガエルの卵。ヤエヤマアオガエルと似ていて区別が難しい。乾くと茶色っぽくなる。春〜秋に見られる。宮古島にはヤエヤマアオガエルはいない。

西表島の湿地では、ヤエヤマハラブチガエル、サキシマヌマガエル、ヤエヤマアオガエル、ヒメアマガエルが産卵

ヤエヤマハラブチガエルは湿地や池の脇で土に穴を掘って産卵。声が聞こえてもなかなか見つからない。

このような場所から声はするが……

巣穴には卵や幼生がいる

森林や渓流周辺

渓流上流部に近い湿地ではオオハナサキガエルが繁殖、ヤエヤマハラブチガエルなどの他のカエルも集まる

コガタハナサキガエルは渓流上流部の滝壺や淵で水中の岩などに産みつける

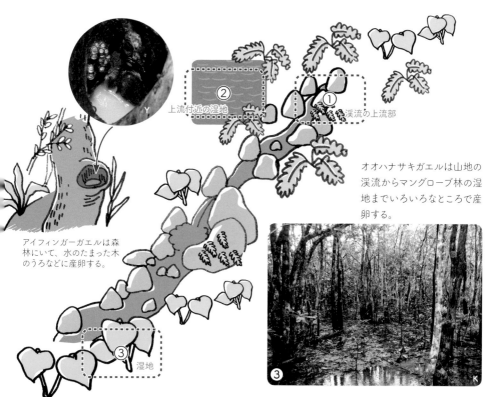

② 上流付近の湿地

① 渓流の上流部

オオハナサキガエルは山地の渓流からマングローブ林の湿地までいろいろなところで産卵する。

アイフィンガーガエルは森林にいて、水のたまった木のうろなどに産卵する。

③ 湿地

*カエルの産卵を見かけやすい場所や環境の目安であり、ほかの場所でも産卵することがあります。
*カエルがたくさんいるところにはヘビもやってきます。ハブのなかまなど毒をもつヘビに注意しよう。

カエル探しカレンダー

カエルは見られる時期が種類によって違うので
会いたいカエルのスケジュールを知っておこう！

ほとんどの種が周年活動し、比較的長い繁殖期をもつので、いつでも観察することができる。

	11月	12月	1月	2月	3月	4月	5月	6月	7月	8月	9月	10月

農地や草地で見られるカエル

ミヤコヒキガエル p.77

オオヒキガエル p.77
おもに冬に繁殖するが、それ以外の季節でも繁殖することがある。

シロアゴガエル p.64
繁殖のピークは夏。

水田で見られるカエル

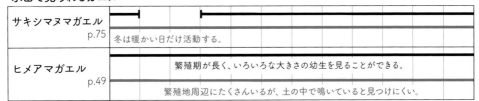

サキシマヌマガエル p.75
冬は暖かい日だけ活動する。

ヒメアマガエル p.49
繁殖期が長く、いろいろな大きさの幼生を見ることができる。
繁殖地周辺にたくさんいるが、土の中で鳴いていると見つけにくい。

森林で見られるカエル

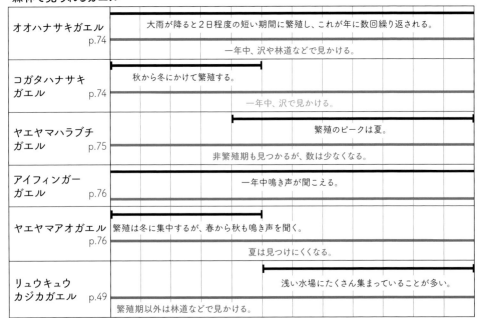

オオハナサキガエル p.74
大雨が降ると2日程度の短い期間に繁殖し、これが年に数回繰り返される。
一年中、沢や林道などで見かける。

コガタハナサキガエル p.74
秋から冬にかけて繁殖する。
一年中、沢で見かける。

ヤエヤマハラブチガエル p.75
繁殖のピークは夏。
非繁殖期も見つかるが、数は少なくなる。

アイフィンガーガエル p.76
一年中鳴き声が聞こえる。

ヤエヤマアオガエル p.76
繁殖は冬に集中するが、春から秋も鳴き声を聞く。
夏は見つけにくくなる。

リュウキュウカジカガエル p.49
浅い水場にたくさん集まっていることが多い。
繁殖期以外は林道などで見かける。

■━━■繁殖期　　┣━━━┫成体などが見られる時期　　┣━━━┫繁殖期以外で幼生が見られる時期

似ている種を見分けよう

ハナサキガエル2種とヤエヤマハラブチガエル
オオハナサキガエル・コガタハナサキガエル・ヤエヤマハラブチガエル

西表島、石垣島にはこの3種がいます。

鼻先は
とがっている

背中はたいらで
滑らかでイボは
ない。背中が緑
色の個体もいる

から鼻先
でが長い

オオハナサキガエル

鼻先は丸い

背中にいぼや模様がある。
背中が緑色の個体もいる

眼から鼻先
までが短い

・・・
名前はコガタだけど結構大きい

コガタハナサキガエル

眼や鼓膜のまわりが黒い
（ハナサキガエルの幼体も
眼のまわりが黒いので注意）

背中の中央に
薄い線がある

むっちりずんぐりした体型

ヤエヤマハラブチガエル

体長（成体）	♂59-77mm ♀81-115mm	>	♂40-48mm ♀46-60mm	≧	♂42-43mm ♀42-44mm

・渓流や周辺の水たまり、マング
ローブの湿地など幅広く生息。

・渓流の上流部から源流域に生息。

・湿地や池の周辺に多い。

リュウキュウカジカガエル・アイフィンガーガエル

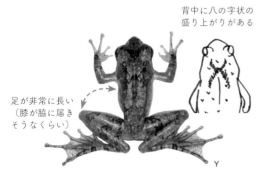

背中に八の字状の
盛り上がりがある

足が非常に長い
（膝が脇に届き
そうなくらい）

リュウキュウカジカガエル

背中に八の字状の
盛り上がりはない

足は長くない

アイフィンガーガエル

・おもに渓流で繁殖する。
・地面で見つけた場合は本種であることが多い。

・樹洞などの水たまりで繁殖する。
・樹上で見つけた場合は本種であることが多い。

渓流沿いにいたメス（石垣島 3 月）

アカガエル科

オオハナサキガエル
Odorrana supranarina

田 浅 深 川 / 平 丘 高 / NT

♂59-77mm、♀81-115mm

スリムな体型で鼻先が長い大型のカエル
で、後肢が長くジャンプ力が強い。サガリバ
ナがはえるような沿岸部の湿地から山地ま
で広く分布し、渓流のよどみや水たまりで
産卵するが、水田で見ることは少ない。

白い卵塊とペア（西表島 11 月）

繁殖場所に集まるオス
（西表島 11 月）

背面が緑色の幼体（西表島 7 月）

アカガエル科

コガタハナサキガエル
Odorrana utsunomiyaorum

田 浅 深 川 / 平 丘 高 / EN / 希

♂40-48mm、♀46-60mm

標高が高い山地に生息し、人里で出会う
ことはほとんどない。オオハナサキガエル
よりやや小型だが外見はとてもよく似てい
る。渓流源流部で繁殖するが、卵塊や幼
生を見ることは珍しい。

渓流の岩の間で鳴くオス（石垣島 3 月）

林床を移動するオス（石垣島 3 月）

沢で活動する成体（石垣島 1 月）

林内で活動する背面が緑色の幼
体（西表島 6 月）

湿地で活動する成体（西表島 7 月）

ヤエヤマハラブチガエル
Nidirana okinavana

浅深川 / 平丘高 / VU

♂42-43mm、♀42-44mm

低地から山地まで広く分布し、湿地の周辺に多いが水田で見かけることはほとんどない。鼓を打つような独特な声で鳴き、湿地の水際の泥を掘って巣穴をつくり、産卵する。

渓流に現れた成体（西表島 7 月）

林床を移動するオス
（西表島 12 月）

背面が明るい色の成体と産卵の巣穴（西表島 7 月）

サキシマヌマガエル
Fejervarya sakishimensis

田浅川 / 平丘高

♂41-57mm、♀50-69mm

水田をおもな繁殖場所とするが、海岸沿いから標高の高い山地までさまざまな環境に分布し、見かける機会は多い。ヌマガエルの近縁種で、ヌマガエルより大型になる。2007年に新種として発表された。

林内で活動する成体（宮古島 9 月）

草地にいた成体（西表島 7 月）

抱接中のペア（西表島 7 月）

喉を膨らませて鳴くオス
（西表島 7 月）

アオガエル科

ヤエヤマアオガエル
Rhacophorus owstoni

田 浅 深 川 ／ 平 丘 高

♂42-51mm、♀50-67mm

平地から山地まで広く分布する樹上性のカ
エル。大腿部や後肢の水かきは赤みを帯
びる。鳴き声は日本のほかのアオガエルと
はかなり異なり、系統的にも台湾産のアオ
ガエルのなかまに、より近縁である。

水辺に現れた成体（西表島7月）

オス。足の水かきは赤や黄色を帯
びる（西表島2月）

変態直後の幼体（西表島7月）

湿地の水際に産みつけられた泡
状の卵塊（泡巣）（西表島2月）

アオガエル科

アイフィンガーガエル
Kurixalus eiffingeri

樹洞に産卵 ／ 平 丘 高

♂31-35mm、♀36-40mm

小型の樹上性のカエルで、地面を移動す
ることは少ない。平地から山地まで広く分
布し、水がたまった樹洞に産卵する。幼生
の保育をおこない、メスは定期的に樹洞を
訪れて幼生に無精卵を給餌する。

葉上を移動するオス（西表島3月）

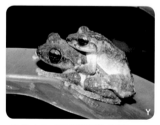

抱接するペア（西表島3月）

産卵場所の近くで鳴いていたオス
（石垣島3月）

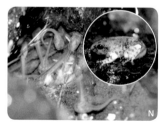

樹洞で育つオタマジャクシと変態
個体（西表島2月）

ミヤコヒキガエル
Bufo gargarizans miyakonis

浅 ／ 平丘 ／ NT

♂61-113mm、♀77-119mm

中国大陸産のチュウカヒキガエルの亜種
で、ほかの在来ヒキガエルと比べてやや小
型。体色は灰黄色から赤褐色で、背面に白
い不規則な模様が入ることが多い。平地の
草地や森林、農地などに生息する。

産卵のため水場に現れたオス（宮古島 11 月）

林内で活動する成体
（宮古島 9 月）

抱接して産卵場所に向かうペア
（宮古島 11 月）

メスをめぐってカエル合戦
（宮古島 11 月）

オオヒキガエル
Rhinella marina

田浅深 ／ 平丘高 ／ 外

♂89-124mm、♀88-155mm

特定外来生物の大型のヒキガエルで、アメ
リカ大陸原産。発達した耳腺をもち、有毒
の分泌物を出す。人里の農地に多いが、山
地や沢沿いで見かけることもある。各地で
防除作業が進行中。

草地に現れた成体（石垣島 8 月）

オス（父島 11 月）

池の岸にいた幼体（オーストラリ
ア・クイーンズランド州 10 月）

河口に現れた成体（母島 5 月）

外からやってきた生き物とカエル～外来種の問題

● 外来種・外来生物とは

　もともとその地域に生息していなかったのに、人によって持ち込まれた生物のことを**外来種**（移入種・侵入種・帰化種など）といいます。食料にするために野外に放されたり、ペットとして飼っていたものが逃げ出したり、持ち込む意図はなかったが荷物に紛れてきたものなど、入ってきた理由はさまざまです。国外から日本に入ったものは**国外外来種**といい、日本の在来種ではあるものの、もとは分布していなかった地域に持ち込まれたものは**国内外来種**といいます。

● 外来種の問題とは何か

　一般的には、生態系や在来種、人へ与える以下のような影響が心配されたり、実際に起こったりしています。個々の外来種が与える影響については不明な点もあり、思いもよらない影響が生じる場合があります（たとえばp.17「北海道のカエル事情」）。

> 今のところ、日本にいる外来種の両生類でこのような被害は出ていません

生態系・在来種へ与える影響
・在来種を捕食する
・在来種と餌やすみ場所をめぐって競争する
・在来種と交雑し、在来種の遺伝的な独自性がなくなる

人へ与える影響
・外来種が毒をもっていたり、人を嚙んだり刺したりする
・外来種が人にもうつる病気を持ち込む
・農作物や水産物を荒らしたり、家屋を汚したりする

日本のカエルを襲う外来種

　ペットとして持ち込まれた北米原産のアライグマはカエルやサンショウオを捕食し、在来の両生類に壊滅的な影響を与えており、非常に問題となっています。アメリカザリガニや、各地の島に導入されたマングース（p.51「マングースに襲われた奄美のカエル」）やニホンイタチも同様です。

日本の生き物を襲う外来カエル

　アフリカツメガエル、オオヒキガエル、ウシガエルはそれぞれ異なる目的で海外から持ち込まれましたが、昆虫や両生類など小型の在来の生き物を捕食するなどして被害を与えています。

在来種と交雑し、在来種の遺伝的な独自性がなくなる

　例えば東京都内では、もともと生息していなかったニホンヒキガエルが持ち込まれて在来のアズマヒキガエルと交雑し雑種が生まれたため、都内のアズマヒキガエルがもともともっていた遺伝子の独自性が失われてきています。

新しい病気による脅威

　今まで経験したことのない病気が外来種に由来して入ってくることがあります。近年、中央アメリカやオーストラリアなど世界中でカエルツボカビに感染して多くの在来のカエルが大量に死に、絶滅の危機に瀕しています。このカエルツボカビは、人の移動やペットの輸入などによって入り込み拡大したと考えられています。日本にもカエルツボカビはいるのですが、大量死がおきていないことなどから日本の在来のカエルは抵抗性をもつと考えられています。しかし、海外から目に見えない新たな病原菌が入ってくるかもしれません。

アライグマに補食されたニホンヒキガエル

罠に入ったアライグマ

アメリカザリガニ

国が行っている外来種の対策

外来生物法（国外外来種対策に関する法律）

　国外外来種の中から、特に対策を必要とする種を**特定外来生物**に指定し、その取り扱いを規制し、防除を進めています。特定外来生物に指定された種の飼育や保管、運搬、輸入などは原則として禁止されていて（特別な許可が必要）、違反した場合は罰金などの罰則が課せられます。

　カエルでは15種が指定されており（2019年現在）、このうち3種（**オオヒキガエル、ウシガエル、シロアゴガエル**）が実際に日本に定着しています。

　もしウシガエルなどの特定外来生物を捕ってしまったら、持って帰ったり飼ったりしては絶対にダメです。捕ったその場で放したり駆除したりすることは罰則の対象にはなりません。

生態系被害防止外来種リスト

　日本の生態系などに被害をおよぼすおそれのある外来種を選定したもので、国内外来種も含まれています。特定外来生物を除き、今のところリストに掲載された種に対しての規制はありませんが、被害を防止するためにも特に注意が必要です（環境省のホームページで詳細が見られます）。

　カエルでは、特定外来生物3種と**アフリカツメガエル**、それ以外の複数の国外の種に加えて、伊豆諸島などのアズマヒキガエル、関東以北および島に侵入したヌマガエルといった国内外来種が含まれています。

カエルを好きな私たちができる対策

● 泥を落とす、よく洗う

　カエルを見に行ったら、長靴やタモ網をよく洗って乾かしましょう。カエルに害をなす菌や寄生虫、ほかにも他地域にはいない植物の種や虫をくっつけているかもしれません。

● 他地域のカエルを持ち込まない、放さない

● カエルをどうしても飼いたいと思ったとき、最後まで飼えるのかをよく考える

外国産のカエルだけど、
病気もってない？
絶対逃さない？

カエルは長生きだけど
（種によっては10年以上）
最後まで飼い続けられる？

生きた虫をよく食べるけど、
餌の虫を準備できる？

オスはとても大きな声で鳴くけど、
うるさいのを我慢できる？

うまく飼えなくてかわいそうだから逃がす、というのは絶対に絶対にやってはいけません！

● 外来種駆除事業を知る

　日本各地のアライグマや、奄美や沖縄に導入されたマングース、オオヒキガエル、伊豆諸島や北海道のアズマヒキガエルなどは駆除が進められています。さまざまな外来種駆除事業の現状を知り、それを理解することも私たちができる協力のひとつです。このような駆除は外来種が嫌いだから行われているのではありません。生き物や自然が大好きで、日本の生態系を守るために頑張って行われているのです。失われる在来種と駆除される外来種といった不幸をなくすためにも、本来の生息地ではないところへ外来の生き物を放してはいけないのです。

　現在、日本国内には種レベルで絶滅してしまったカエルはいません。しかし、日本各地でカエルの減少や地域的な絶滅が起きています。どうしたらカエルを絶滅から救えるのでしょうか？

　まずは、減少・絶滅にいたる要因を理解することが大切です。残念ながらその要因の多くは人間の活動が関係しているものです。

カエルが減少・絶滅する要因

① 生息地の消失と生息環境の悪化

● カエルの生息地はさまざまな要因で急速に失われています。

● カエルは卵や幼生は水中で、変態上陸後は陸上で生活します。また、繁殖期以外の時期には水辺や草地、樹上など種によってさまざまな場所で生活します。つまり、カエルが生きていくためには、繁殖のための場所とそれ以外の時期を過ごす場所の両方を含む多様な環境が必要です。

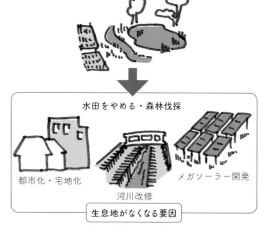

水田をやめる・森林伐採

都市化・宅地化

河川改修

メガソーラー開発

生息地がなくなる要因

→時期によって過ごす場所や環境を変えるので、移動の途中に道路やコンクリート水路などの人工的な障害物ができてしまうと大きな影響があります。

● 水田はカエルにとって重要な生息地ですが、農薬、水路の改変（カエルが登ることのできないコンクリート製の深い水路にする）、圃場整備・乾田化（大型機械を使うために水はけをよくする）、さらには稲作をやめてしまうことなどによってカエルが棲みにくくなっています。

→水田は米をつくる場所なので、農家の負担を減らし生産効率を良くするために改変が必要となることがあります。これからは、このような人の活動とカエルの生息環境をどのように共存させていくのかが重要な課題です。最近では水田の生き物に配慮した水路や農法に取り組む農家もあり、そうしてつくられた米を積極的に消費することもカエルの生息地を支えることにつながります。

② 乱獲

　最近は販売目的で大量に採集される事例が後を絶ちません。繁殖に集まった成体やその卵が大量に捕獲されると個体数が激減し、地域的な絶滅につながります。特に希少種では乱獲は深刻な問題となっていますが、希少な種とは、数が少なく絶滅の心配がある種のことであり、商品の価値を示すものではありません。お店やネットオークションなどで販売されていることがありますが……

本当にそのカエル買うの？飼うの？

③ 外来種や新しい病気による影響

　外来種による捕食、外から持ち込まれた感染症などによって大量に死ぬことがあります（参考：p.17とp.51の北海道や奄美の外来種問題、p.78「外来種の問題とは何か」）。

カテゴリー		評価	指定されているカエル
絶滅のおそれのある種（絶滅危惧種）	絶滅（EX）	日本国内ではすでに絶滅したと考えられる種	0種
	野生絶滅（EW）	飼育下で生きていたり、自然に分布していた地域とは違う地域で野生化した状態でのみ存続している種	0種
	絶滅危惧I類（CR+EN）CR EN	絶滅の危機に瀕している種	―
	絶滅危惧IA類（CR）CR	ごく近い将来における野生での絶滅の危険性が極めて高いもの	0種
	絶滅危惧IB類（EN）EN	IA類ほどではないが、近い将来における野生での絶滅の危険性が高いもの	8種
	絶滅危惧II類（VU）VU	絶滅の危険が増大している種	3種
	準絶滅危惧（NT）NT	現時点での絶滅危険度は小さいが、生息条件の変化によっては「絶滅危惧」に移行する可能性のある種	10種
	情報不足（DD）	絶滅の危険性を評価できるほどの情報が不足している種	0種
	絶滅のおそれのある地域個体群（LP）	地域的に孤立している個体群で、絶滅のおそれが高いもの	0種

（絶滅危惧種の列の矢印）絶滅の危険性が高くなる

環境省 https://www.env.go.jp/nature/kisho/hozen/redlist/rank.html を改変

● どのカエルが絶滅の危機にあるのか？

　種によって絶滅のしやすさ（危険性）は異なります。各種の現状を調査し、絶滅の危険性の程度を分けて一覧表にしたものをレッドリストといいます。同じ種でも国や地域によって絶滅の危険性は異なります。日本では国と都道府県、いくつかの市町村でそれぞれレッドリストを作成、公表しています。絶滅の危険性は変化するので、たびたび再調査され、レッドリストが更新されます。国のレッドリストでは、絶滅の危険性は上の表のカテゴリーによって表されます。

● 希少なカエルを守る法律

種の保存法 ＊絶滅のおそれのある野生動植物の種の保存に関する法律

　国内外の野生生物の中で特に絶滅のおそれのある希少な種を保護するためにつくられた法律で、国内に生息する希少種の一部を国内希少野生動植物種に指定し、捕獲や販売などを規制したり、生息地の保護と個体の保護増殖事業を推進するものです。

　カエルでは6種（希 オキナワイシカワガエル、アマミイシカワガエル、オットンガエル、ホルストガエル、ナミエガエル、コガタハナサキガエル）が国内希少野生動植物種として指定されています（2019年現在）。指定された種は許可なく捕まえると法律違反になります。これらの種は観察するだけ、写真を撮るだけにしましょう。

● 天然記念物など

　県や市町村などの自治体によっては、条例により捕獲が禁止されている種（天然記念物や特別に指定された希少な種）がいたり、環境保全のために種に関わらず採集そのものが禁止されている地域があります。そのような場所へカエルを見にいくときは、あらかじめ国や自治体のホームページで確認しておくとよいでしょう。

自分でもっとカエルを調べてみる！

カエルが見分けられるようになってきた、どこで見られるかだんだんわかってきたら……。次は自分でカエルのことを調べてみよう！

● カエルを調べに行く前に

準備① 地域のカエルの下調べ

自分の住んでいる地域には、どんなカエルがいるのか、ほかの地域と違いがあるのか予習しよう。インターネットでも調べられることがあります。

- 地域の自然観察ガイドや図鑑を見る。
- 地域の博物館や動物園、水族館、自然観察施設に尋ねてみる。
- 県や市町村のレッドリストを調べてみる。レッドデータブックとして出版されていたり、インターネットで公開されている場合があります。自分の住んでいる地域で絶滅が心配されている種がわかります。

準備② 鳴き声をおぼえる

鳴き声がわかると、目だけではなく耳でも探せるようになります。声を聞くだけでもカエルの生息を確認できます。

- 声を頼りに、鳴いているところを探す。
- 声で判別できないときは、鳴き声をレコーダーで録音して、人に聞いてもらったり調べたりしよう。
- この本では各種の鳴き声についてほとんど紹介していません。鳴き声を紹介している本やインターネットで鳴き声が聞こえるウェブサイトを検索するなどして、聞き比べてみるとよいでしょう（p.88参照）。

スマホでも
録音できるね

● カエルを見つけたら

① カエルの記録ノートをとろう

- いつ、どこで、どの種を見たか？
- ほかにも気がついたことを記録しておく。たとえば、カエルの大きさや色、見つけた場所の環境、何をしていたかなど。
- 見つけた証拠に写真を撮っておくといい。
- 場所の記録には、ナビや地図などのアプリを利用すると便利。
- 同時に見つけた生き物も記録しておこう。

防水紙でできた
野帳がおすすめ

ナビゲーションや地図のアプリでは緯度経度を表示したり地点を記録する機能があるものがあります。うまく使えると便利です。

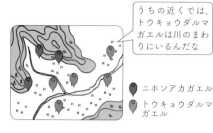

うちの近くでは、トウキョウダルマガエルは川のまわりにいるんだな

📍 ニホンアカガエル
📍 トウキョウダルマガエル

② 自分だけのカエルマップをつくろう

● 見た場所を地図に落としてみる。

● 注意⚠乱獲のおそれがあるので、希少種の情報は安易に広めたりしないように気をつけましょう。

③ カエルカレンダーをつくろう

カエルを見つけた日、鳴き声を聞いた日を順に並べてみよう。

● カエルがいつごろ活動するかがわかる。

● 自分の地域のカエルがいつ見られるかがわかる。

記録したノートをまとめてみる

④ カエルを数える

● カエルの個体数を数えることは、じつはけっこう大変です。ですが、卵塊を数えることならそれほど難しくない種がいます。アカガエルやアオガエルのなかまです。これらのカエルのメスは繁殖期に1個の卵塊を産むので、卵塊の数が産卵にきたメスの数になります。

● オスは繁殖期に鳴くので、鳴き声の数は繁殖に参加しているオスの数を表します。1匹ずつ声を数えるのは難しいですが、声の多さで繁殖地にどれくらいの数のカエルがいるかの目安になります。

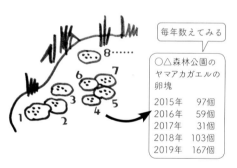

毎年数えてみる

○△森林公園のヤマアカガエルの卵塊

2015年	97個
2016年	59個
2017年	31個
2018年	103個
2019年	167個

⑤ 大先輩に昔のカエルのことを聞いてみる

● 自分よりずっと年上の方に、話を聞いてみてください。昔、ここにどんなカエルがいたのか、今よりたくさんいたのか？　などがわかることがあります。

● 地元の博物館などに行って、地域のカエルについて調べたことや気がついたことを尋ねてみるのも良いです。

わしが子どものころはこのあたりの田んぼには、ビッキ（カエル）がたくさんいて捕まえて食べたよ

今はショッピングセンターができているなぁ

　生息する地域・環境によって、同じ種類でもカエルの生活は少し違っていることがあります。また、カエルが生息する環境は、周辺環境や気候の変化で少しずつ変化しています。

　カエルの観察を続けて記録をとっていくことで、自分の地域のカエルの変化に最初に気づくことができるかもしれません。

カエル探偵団のアカガエル産卵前線

アカガエルのなかまは春が近づくと一番先に産卵するカエルです。カエル探偵団では1999年に「**アカガエル産卵前線プロジェクト**」を開始し、毎年みんなで「日本中のアカガエルがいつ産卵するのか」を調べて公開しています。日本各地で、近隣のアカガエルのその年はじめての産卵を見つけたら報告します。カエル探偵団の団員だけでなく、関心のある人は研究者に限らず誰でも参加でき、みんなができる範囲での調査と記録をしています。

前線は、南の地域のリュウキュウアカガエル、アマミアカガエルの産卵から始まります。その後、だんだんと北に向かって各地の産卵が始まっていきます。まるで桜前線のように、春を追いかけるアカガエルたちの「産卵前線」の様子を見ることができます。

●アカガエル産卵前線ができるまで

①アカガエルの卵塊を見つけたら……

  対象種

  ニホンアカガエル、ヤマアカガエル、エゾアカガエル、リュウキュウアカガエル、アマミアカガエル、チョウセンヤマアカガエル、ツシマアカガエル
  ※タゴガエルのなかまは対象にしていません

②カエル探偵団に情報を報告

  ・見つけた日
  ・アカガエルの種類
  ・見つけた場所と環境
  ・卵塊数……など

③産卵情報が地図に表示される。
  アカガエルの繁殖期中は
  ほぼ毎週更新。

※詳しくは「両生類保全研究資料室」
  調査の方法・参加の仕方のページをご覧ください
  http://kaerutanteidan.jp

桜前線があるように
カエル前線も
あっていいよね

全国アカガエル産卵前線2019

● ニホンアカガエル
★ ヤマアカガエル
▲ エゾアカガエル
X リュウキュウアカガエル
★ アマミアカガエル
★ チョウセンヤマアカ・ツシマアカ

2月(2019)
1-3日　5件
4-10日　16件
11-17日　8件
18-24日　11件
25-28日　2件

3月(2019)
1-3日　5件
4-10日　8件
11-17日　5件
18-24日　4件
25-31日　2件

12月(2018)
19日　1件
24日　2件
26~28日　2件
29~31日　2件

1月(2019)
1-6日　2件
7-13日　2件
14-20日　6件
21-27日　8件
28-31日　2件

4月 (2019)
8-14日　0件
22-30日　0件

5月 (2019)

2018.11.01

アカガエル産卵前線はカエル探偵団のウェブサイト「両生類保全研究資料室」で見ることができます。

●アカガエル産卵前線からわかること

住む地域に産卵前線が近づいてくることがわかります。
　● 次に雨が降ったら近くを見に行こうかな?
長期間調べ続けているので、
　● 今年は遅いな……(寒い?　雨が降らない?)
　● 今年は早いな……(冬が短いのかな?)
ということも見えてきます。

ニホンアカガエルのオスと卵塊

生き残れ！カエル双六（すごろく）

サイコロを振って出た
目の数だけ進もう！

p.65
から続き
赤マスはスタートに戻る

ヤマネコはカエルをよく食べる。
イタチやほかの獣もカエルを食べるよ

ケモノに食べられた…

死
G
ツシマヤマネコ

カエルはエサを
かじって食べない。
丸のみしてしまうよ

ミミズを食べた

V
タゴガエル

繁殖地に移動する
途中で道路を
横切らなければ
ならないこともある。
雨の夜は要注意だ！

寒いので冬眠した

G
スマガエル
1回休み

冬眠
から
覚めた

車に轢かれた…

Y
ヤマアカガエル

死
G
シュレーゲルアオガエル

繁殖地
へ向かう！

待ち構えていたヘビに食べられた…

Y
死
リュウキュウアカガエルを食べるヒメハブ

水田や水路の改修工事、
水田がなくなって、建物や
ソーラーパネルが並んでいたり…
どこで産卵すればいいんだろう…

産卵場所に
到着！

繁殖地がない…

スタートに戻る

繁殖期のオスは
動いているものを
なんでもメスと間違えて
抱きつくことがあるよ

相手を間違えた

G
2マス戻る
シュレーゲルアオガエルに抱きつくトノサマガエル

相手を見つけた！産卵だ！

繁殖　成功
G
Goal!

カエルと日本文化

　昔から日本人にとってカエルは身近な存在でした。それは農地としての水田がカエルの住みかとしても機能していたため、私たちとカエルの行動圏が大きく重なり合っていたからでしょう。カエルは探さなくても、日常的に出会う生き物だったのです。

　身近な生き物であったカエルは、私たちの生活や文化にも取り込まれてきました。縄文時代から現在に至るまで、カエルを題材にした芸術作品や民族学的遺物が数多く残されています。江戸時代に松尾芭蕉がカエルを題材に詠んだ句「古池や蛙（かわず）飛びこむ水の音」は有名ですが、それよりずっと古い時代につくられた和歌集である『万葉集』（奈良時代）や『古今和歌集』（平安時代）など日本の代表的な古典には必ずと言っていいほどカエルが登場しています。平安時代の末頃に描かれた国宝『鳥獣人物戯画』（甲巻）でウサギと相撲をとるカエルの姿は誰でも知っていることでしょう。

　こうした長い歴史をもつ日本人とカエルとの繋がりが、最近大きく変わろうとしています。そのひとつは、カエルが私たちのまわりからいなくなっているという事実です。首都圏の大学生に行ったアンケート調査では、約4割はカエルを触ったことがなく、1割近くは実物のカエルを見たことさえないと回答しました。もはやカエルは身近な生き物ではなくなりつつあるのです。

　それがどの程度影響しているのか定かではありませんが、カエルに対する私たちの

　イメージにも変化が生まれています。過去の文学や絵画などでは、美しい鳴き声をもつカジカガエルを愛でることはあったものの、大半のカエルは、地を這う滑稽な生き物、あるいは飛び跳ねるユーモラスな生き物として扱われてきました。どちらかといえば、カエルはマイナスなイメージが多かったのです。

　しかし現在、カエルをモチーフにしたさまざまな日用雑貨など、いわゆるカエルグッズが街に溢れています。こうしたカエルグッズは、大きな目に丸い体と短い手足、ライトグリーンの色づかいで構成され、実物のカエルとはかなり離れた姿になっています。つまり、今のカエルのイメージは可愛さを強調したものなのです。人のまわりから生きたカエルが減っていった時期とキャラクター化されたカエルイメージが定着していった時期は重なるような気がしています。リアルなカエルが想像できないことがカエルの印象を良くしているのかもしれないと思うと、複雑な心境になります。

!?

『鳥獣人物戯画』などに登場するカエルの絵（左）は実物に近いが、現在はさまざまな場面でかわいいカエルのキャラクターが使われている（右：工事用の柵）

● 名前で検索（種名索引）

*50音順。数字はページ数、太字はカエル図鑑のもの。

● おすすめの本

カエルの生態や分類がわかる書籍

・『身近な両生類・はちゅう類観察ガイド』関慎太郎（文一総合出版）

・『カエル（田んぼの生きものたち）』福山欣司・前田憲男（農山漁村文化協会）＊水田のカエルの生態に詳しい。

・『小学館の図鑑NEO〔新版〕 両生類・はちゅう類』松井正文・疋田努・太田英利（小学館）＊子ども向けですが、初心者にもおすすめ。カエルの鳴き声DVD付き。

・『カエル・サンショウウオ・イモリのオタマジャクシハンドブック』関慎太郎・松井正文（文一総合出版）＊幼生で種を見分けるのは大変ですが、各種の幼生写真が見られます。

・『日本動物大百科 ５両生類・爬虫類・軟骨魚類』日高敏隆（平凡社）＊ちょっと古い本ですが、生態に関する記述は信頼できます。

・『日本のカエル: 分類と生活史～全種の生態、卵、オタマジャクシ（ネイチャーウォッチングガイドブック）』松井正文・関慎太郎（誠文堂新光社）

地方ごとのカエル図鑑
＊その地域のカエルが詳しく紹介されています。

・『改訂版 北海道爬虫類・両生類ハンディ図鑑』徳田龍弘（北海道新聞社）

・『広島県の両生・爬虫類（エコロジーカラー図鑑）』比婆科学教育振興会（中国新聞社）

・『長崎県の両生・爬虫類』松尾公則（長崎新聞社）

・『九州・奄美・沖縄の両生爬虫類 カエルやヘビのことをもっと知ろう』九州両生爬虫類研究会編（東海大学出版部）

・『沖縄のカエル－生態写真と鳴き声で知る全20種』佐々木健志・山城照久（新星出版）

カエルの声が聞こえる本やウェブサイト
＊本書ではカエルの声を詳しく扱っていないので、聞いてみよう。

・『声が聞こえる!カエルハンドブック』前田憲男・上田秀雄（文一総合出版）

・『カエル探偵団ウェブサイト』＊「両生類保全研究資料室」（http://kaerutanteidan.jp）の「カエル類データベース」で全種の鳴き声を聞けます。

野外観察をするときにあると良い本

・『危険生物ファーストエイドハンドブック 陸編』NPO法人 武蔵野自然塾（文一総合出版）＊野外では危険な生き物に遭遇することもある。

・『絵解きで調べる田んぼの生きもの（miniこのは）』向井康夫（文一総合出版）＊カエル以外の田んぼの生き物もわかるよ。

カエルと文化の関係についての本

・『蛙（ものと人間の文化史 64）』碓井益雄（法政大学出版局）

・『かえるる カエルLOVE111』高山ビッキ（山と溪谷社）

カエルに関する科学読み物

・『金沢城のヒキガエル 競争なき社会に生きる（平凡社ライブラリー）』奥野良之助（平凡社）

・『カエルの鼻－たのしい動物行動学』石居進（八坂書房）

● 本書で参考にした文献

・『日本産カエル大鑑』松井正文・前田憲男（文一総合出版）＊研究者がもっともよく使う図鑑で、とても詳しいですが、初心者には難しくて高価です。

・Igawa, T., Kurabayashi, A., Nishioka, M., & Sumida, M. (2006). Molecular phylogenetic relationship of toads distributed in the Far East and Europe inferred from the nucleotide sequences of mitochondrial DNA genes. Molecular phylogenetics and evolution, 38(1), 250-260. p.66：カエルの「種」を分けるもの

・Kazila, E., & Kishida, O. (2019). Foraging traits of native predators determine their vulnerability to a toxic alien prey. Freshwater Biology, 64(1), 56-70. p.17：北海道のカエル事情

・Komaki, S., Kurabayashi, A., Islam, M. M., Tojo, K., & Sumida, M. (2012). Distributional change and epidemic introgression in overlapping areas of Japanese pond frog species over 30 years. Zoological science, 29(6), 351-359. p.17：トノサマガエルのなかまがすべて集まる長野県

・Eto, K., Matsui, M., Sugahara, T., & Tanaka-Ueno, T. (2012). Highly complex mitochondrial DNA genealogy in an endemic Japanese subterranean breeding brown frog Rana tagoi (Amphibia, Anura, Ranidae). Zoological science, 29(10), 662-672. p.42：「普通種」タゴガエルに秘められた多様性

・Eto, K., & Matsui, M. (2014). Cytonuclear discordance and historical demography of two brown frogs, Rana tagoi and R. sakuraii (Amphibia: Ranidae). Molecular phylogenetics and evolution, 79, 231-239. p.42：「普通種」タゴガエルに秘められた多様性

・Hase, K., Nikoh, N., & Shimada, M. (2013). Population admixture and high larval viability among urban toads. Ecology and evolution, 3(6), 1677-1691. p.78：外からやってきた生き物とカエル～外来種の問題